心理師的療癒烘焙私旅

與點心相遇的日子，讓「心」被療癒

THE
BAKING JOURNEY
OF A PSYCHOLOGIST :

REAL **"TREAT"** TO HEART

推薦序 I

　　茲晶是我指導的研究生，吃了她幾年親手做的甜點，也看著她一路在心理諮商專業的成長，很高興她能把這兩者做一個結合，完成了這本具有療癒的新書。

　　知道茲晶醉心於烘培，是在某一年我的生日，辦公室被一堆蛋糕禮物給塞滿，她過來找我討論論文完後，拿出一盒包裝精緻的巧克力脆片餅乾及檸檬小蛋糕，並用緞帶綁上一個漂亮的蝴蝶結，告訴我所有眼見的一切，都是她親手做的，我驚艷到連問三次「真的嗎？」那個甜點及她淺淺的甜笑，到現在想來心都是甜的。

　　該怎麼歸類這本書呢？原本該在一年內完成的，因為她完美主義的個性「作祟」，反覆修改，極盡完美，和寫碩士論文一樣，當年她可是得到所有口試委員相當好的評價。書裡有茲晶面對個案問題的解析，也有更多她在處理個案時的自我反思，像是承認自己很想給對方一個奇蹟式的解套，但忽略了去感受彼此的同在，透過不斷的澄清、理解及修正，彼此找到可以共舞的步伐。這就像她在烘培時一樣，專注於自己的心緒，感受麵粉或任何食材的觸感，看著融化的巧克力，產生了恬淡的安定力量，療癒了自己，也為個案找到了出路。

　　很多心理學家都說，烘培是一種療癒的過程，茲晶的這本書已充分體現這點，而烘培出來的成品也是一種愛的表達，這在每一次拿到茲晶的甜點時，都可以感受到，因為她可以給予而產生的喜悅，她所傳遞出來的正能量，透過文字及圖片，希望也能讓讀者感知，跟著她的食譜，一步步的，在烘培的世界中，同時找到屬於我們自己的清朗與療癒。

淡江大學教育心理與諮商研究所專任教授　柯志恩

莫茲晶不是一般的心理師！

　　身為她的同事，我會想要這樣介紹她。她有一個奇怪的成長環境。小時候，晶晶的爸爸最大的興趣就是做麵包。莫爸爸會在廚房裡研究改進麵包的做法，而小小的晶晶也喜歡跟著爸爸在廚房。一般的小女孩可能只是爸爸的助手，但這對父女不一樣，當莫爸爸研究麵包時，晶晶就在旁邊研究自己的甜點，只有機器太重時，爸爸才會來幫忙。兩個人一起工作，又能互相品嚐與回饋，莫爸爸還會很正經的和她討論，下一次可以如何改善食譜。

　　長大以後，她到台灣來學心理諮商，得到了成為心理師的資格。當別人羨慕她得到一份聽起來很有趣的工作機會時，她卻充滿煩惱，她不知道要去追尋那個對她來說充滿奇妙吸引力的烘焙靈魂，還是在諮商室裡陪伴受傷的心靈。

　　她對烘焙的興趣，可以讓她半夜不睡覺，興致盎然地起床觀察正在長大的麵團，也可以在諮商所的辦公室裡，發表一些一般人沒辦法理解的成形麵團，就像是完整的人際界線之類的心得。她甚至衝動地想衝去義大利找跟她通訊交流的麵包大師拜師學藝。而同事們在工作空檔時，忍不住就想偷溜到廚房去看看今天的巧克力餅乾裡有沒有辣椒口味，或者聖誕節前密切注意，有沒有她四個禮拜前就得開始準備的白蘭地酒漬的果乾才能應景做出來的磅蛋糕，當然，吃得非常開心的同事們不免七嘴八舌地建議她乾脆來開個烘焙坊。她會搖頭苦惱地說：「不對不對，這不是我要的感覺。我想要提供給大家的是一種精神態度，而不是吃吃好吃的甜點而已！」

　　現在看到這本書熱騰騰的將要上架，我終於可以替她鬆一口氣。這位小姐終於做出了她想要的感覺。如果讀者們沒有機會到我們的櫥櫃裡偷捏一塊她的創意甜點來解饞，那要恭喜你們，因為你們所品嚐的才正是她最想烤來給大家享用的療癒烘焙。煮杯咖啡，開始吧！

格瑞思心理諮商所諮商心理師　王劍文

推薦序 III

對我來說，如果甜點是療癒良藥，那麼手作烘焙就是一種治癒的過程。

因緣際會，和莫老師服務的諮商所 10 幾年前結下了一段很深的緣份，人生低谷起起伏伏，一路伴隨著我和少年一起克服了許多成長中預或不可預知的困境，能寫上推薦序除了倍感榮幸外，一直以來感謝的心情能轉換成這樣的方式表達，好幸福。

和一般純食譜文章的料理工具書有著很大的不同，書中藉由莫老師筆下的個案分享，深入淺出地提點了在情緒沼澤裡或許也曾一度迷惘的我們，應該適時給予自己各種情緒存在的空間，慢慢地了解自己的混沌不安是來自於壓力、忌妒、恐懼、拖延還是挫折，又或是和周遭人際關係的修補或是維繫，誠實並寬容的面對自己才能逐漸地找到出口。

而在面對各種情緒課題的因子時，莫老師把心情轉化自己最愛的烘焙甜點上。不繁複的作法，卻別具南洋特色的小點心真的很吸睛！印象深刻的是，文章中提及人們原本以為不能存在的二個因子，實際上卻能融合得比預想中的好。試著讓原本可能很是衝突的情緒和平共存，就好像其中一道食譜讓鹹香的培根丁巧妙地包覆在巧克力餅乾中，原本以為會帶來更大的矛盾，卻意外地找到了美好的協奏曲。

面對心裡上各種情境的轉換，對應到莫老師分享的甜點搭配中，真是很新鮮也很有趣。

心裡的難題藉由閱讀莫老師的文字分析，陷入困境時也許能不再如此迷惘，而低落的情緒再跟著甜點食譜一步步操作因子……我總是這樣覺得，把自己丟入一個需要極度專心的情境裡，隨著空氣中漸漸瀰漫的香氣，有時也會莫名的茅塞頓開。

追求完美而不著重完美。這是我最喜歡書裡的一句話。

推薦給喜歡或是亟欲探索情緒，並尋求可能的舒緩方式的朋友們，也更推薦給喜歡在烘焙過程中療癒自己的大家！

布魯家的開心廚房。食譜作家 / 料理講師

2021.10.

作者序

　　多年前在社群媒體成立了「心理師的圍裙沾了巧克力」的粉絲專頁，偶爾寫寫文章，發發文跟大家分享烘焙的成果。直到有一天，出版社與我聯繫，問我是否有興趣出版一本有溫度、能觸動人心的食譜書。看見出版社如此有勇氣，我也想知道烘焙與心理結合在一起的樣子，於是就展開了寫書的旅程。

　　這本書撰寫了快三年。因著有全職工作，能用來寫書的時間極少，生活中只要抓到了空檔，就趕緊坐下來撰寫。但每當要撰寫，就會啟動拖延模式，例如開始打掃房間、處理腦中浮現的待辦事項……有時候坐在電腦桌前一整個下午，來來回回只修改一句話、撰寫了好幾個段落，因為感覺不對而打掉重來。除了文章需要花好長一段時間構思與撰寫，食譜也需要測試好幾次，以製作出自己想要的成果。如：書中的印尼黃金糕已測試超過五十顆蛋。若沒有設下期限，我的拖延也沒有極限。

　　撰寫書籍的過程看似漫長，但生命也因此與自我有更細緻的對話，更清晰地釐清思考脈絡，深深體會烘焙為何具有療癒性。生活充斥著不同的刺激，許多時候我們的生活像是過關斬將一樣，不斷地解決生活拋來的難題，甚至未雨綢繆，不斷思慮未來，或對過去發生的事深感懊悔。思緒擺放在過去與未來之間，很難專注在當下，單單感受周遭的味道、聽聽四周的聲音、細細品嚐食物等。然而進入烘焙世界時，奶油的香氣、搓揉麵團的觸覺等，很巧妙地喚起了五感感受，關掉了生活的雜音，並讓專注力聚焦於當下。而每個人的感受喜好都不一樣，同一個食譜你我喜好的甜度或許不一樣、可接受的香氣也不同，但我們可以調整適合自己的風味、設計出賞心悅目的擺盤……烘焙讓我們有機會關照自己的五感，有機會和自己在一起，就像和自己約會一樣。

　　書中有些烘焙意象是在撰寫文章時產生，每個人的烘焙意象可能都不太一樣。大家在享用自己製作的甜點時，可以慢慢回想製作過程中特別有感受的片刻，試著讓這些感受與心連結，看看有什麼「心」發現。此過程不必太刻意，有也很好，沒有也無須太挫折。畢竟願意跟自己專心投入烘焙中，就很美好。

　　這本書看似自己一人撰寫、一人攝影，但這本書背後隱藏著一群願意當我甜點實驗的勇者、關心我書籍進度、給文章建議等的家人、親朋好友們、每一位在諮商中相遇的案主們，以及我的信仰。希望這本書能夠讓更多人透過看得見的烘焙，進入摸不著看不見的心理學。透過烘焙的有形體驗，在專注的那刻，奇妙的在心中轉換成無形的看見，長出一點一滴陪伴自己與他人的力量。

　　注：因保密原則，已編改書中諮商故事的背景。

莫兹晶

目錄
contents

推薦序 Preface　　　　　　　002

作者序 Author Preface　　　005

目　錄 Contents　　　　　　006

Chapter 1　諮商，照拂身心靈的過程 —— 認識諮商

體驗情緒的張力，發現靈魂的豐盛：巧克力穀物棒　　　　　　　　　　010

適時清空內心，創造出新的空間：無花果酥餅　　　　　　　　　　　016

回應內在衝突，給予共存的空間：培根巧克力餅乾　　　　　　　　　022

以開放的心面對已知：甜菜根巧克力蛋糕　　　　　　　　　　　　　028

成為自己的專家：荔枝提拉米蘇　　　　　　　　　　　　　　　　　034

陪伴自己與他人真誠地面對自己，在關係中真實的相遇：巧克力花生蛋糕　040

Chapter 2　原我 —— 人必然面對的內在掙扎

好好面對拖延，以貼近更真實的自己：椰棗蛋糕　　　　　　　　　　048

嫉妒，學習對自己慈悲，遇見自己參與世界的方式：麥片餅乾　　　　054

認清父母可以不完美，學習長大成人的過程：酒漬櫻桃巧克力塔　　　058

追求完美但不著重完美：辣味起司玉米片餅乾　　　　　　　　　　　064

放下給自己的期待：印度酥油餅乾　　　　　　　　　　　　　　　　070

真正的我們像鑽石般尊貴不朽：鑽石餅乾　　　　　　　　　　　　　076

壓力提醒我們需要的是愛與連結：焦糖無花果磅蛋糕　　　　　　　　082

恐懼裡正確看見自己的限度，自我接納就不再是膚淺的口號：胡蘿蔔蛋糕　088

Chapter 3 活出有力量的生命 —— 在愛中面對困境

若無法說不，請也不要輕易說好：鐵觀音荔枝乳酪塔　　　　　096

讓生命在即使微弱的光中前行：巧克力蜂蜜玉米片　　　　　102

安撫心情的味道：花生酥餅　　　　　108

在被扶持的軟弱裡感受愛：抹茶柚子奶酥蛋糕　　　　　112

犯錯，從阻攔自我成長的羞愧中釋放自我：蜂巢蛋糕　　　　　118

從成長的視野看待關係裡的等候：印尼黃金糕　　　　　124

生活留一些時間給自己，照顧自己的需要：玫瑰起司餅乾　　　　　130

設立關係界線，體驗與真實自我連結的內在自由：燕麥夾心餅乾　　　　　136

傾聽彼此的不同，視之為豐富自我的旅程：咖椰糯米糕　　　　　142

Chapter 4 心理師心裡話 —— 諮商的心路歷程

慢一點，釐清自己的生活狀態，他人的需要：咖椰醬　　　　　150

用一顆好奇的心了解自己：蔥花餅乾　　　　　154

接受生命是一場探索的旅程：鹽之花巧克力餅乾　　　　　160

好好面對不熟悉帶來的不適感：馬告檸檬磅蛋糕　　　　　166

眼光，帶給人穿越所見進入不朽的能量：烤木薯糕　　　　　172

挫折讓自己死去不切實際的形象：鹹蛋黃咖哩葉餅乾　　　　　178

感謝他人的陪伴，讓限制得以與創造攜手合作：聖誕水果蛋糕　　　　　184

Chapter 1

諮商，照拂身心靈的過程 —— 認識諮商

P.10 體驗情緒的張力，發現靈魂的豐盛：巧克力穀物棒

P.16 適時清空內心，創造出新的空間：無花果酥餅

P.22 回應內在衝突，給予共存的空間：培根巧克力餅乾

P.28 以開放的心面對已知：甜菜根巧克力蛋糕

P.34 成為自己的專家：荔枝提拉米蘇

P.40 陪伴自己與他人真誠地面對自己，在關係中真實的相遇：巧克力花生蛋糕

體驗情緒的張力，發現靈魂的豐盛：
巧克力穀物棒

—

「我受不了了，最近跟男友分手，他怎麼可以背叛我！」

琳琳受不了自己分手後的狀態，緊急地預約，一邊啜泣一邊說著跟男友分手的過程。

看著琳琳一把鼻涕一把眼淚地說著與男友相識的過程，琳琳無法理解男友怎麼背著自己與其他女生親近，琳琳更無法理解的是就算男友做了貌似背叛自己的事，琳琳依舊無法放下他，仍然很想跟男友聯繫。

「我不喜歡這樣的感覺，我不知道要怎麼處理我的情緒，昨天晚上我看見自己在房間大哭還捶牆壁，我覺得很可怕。其實只是分手而已，但我怎麼可以感覺這麼難受！」

坐在對角的我，感受到滿滿的無助和害怕：「琳琳好像很難接受自己傷心難過的樣子。」

「對。」

從小一切都很順遂的琳琳，考上符合家人社會期待的學校，也在從事人人稱羨的職業，過著眾人夢寐以求的生活，這次分手是琳琳第一次遇到這麼挫折的感受。

我好奇地看著琳琳：「分手難過是必然的啊，琳琳怎麼這麼不容許自己難過呢？」

「可是這樣會影響我的工作，我每天晚上回去都會無法入睡，不斷想到他；隔天就變得沒精神上班。我不能這樣啊！他都比我過得好，憑什麼我要在這裡難過，還影響到我的工作！」琳琳又忍不住落淚了。

我們的社會教導我們凡事追求效率、主動積極、樂觀進取，低落難過或是憂鬱的情緒是人們不習慣的，甚至很容易被視為精神上的疾病。因此，人們容易認為保持心情愉悅，好的狀態是必然的態度。

任何情緒的起伏，無論是難過、傷心、生氣、委屈等，只要會影響到我們的生活作息或狀態的，都需要立即消除或處理。弔詭的是，當我們越急著解決掉心中難受的心情，花越多的力氣去控制自己的狀態，我們彷彿也變得越失控。若我們給這些情緒存有的空間時，我們害怕暴風雨般的情緒會讓自己變得瘋狂，我們無法駕馭那澎湃及不可預測的自己。

「老師，有什麼方法能夠讓我不要再想他了，我真的不想再讓我這樣下去了！我覺得這樣的自己真的很糟糕！」

無論是剛分手、經歷身體病痛、重大挫折或任何生活難以承受的痛的朋友，就允許這些不可理喻的情緒出現在生活中吧！允許不代表我們同意他人傷害我們、承認自己真的糟糕萬分。允許情緒只是我們給予自己靈魂一個說話的空間，也給我們一個機會照拂自己的心靈。當這些情緒跑出來時，先和自己約定「不要害怕」，就給自己一些空間和時間感受這些感受，傾聽這些情緒背後想要告訴自己的事。

「當我又崩潰的時候怎麼辦？」琳琳不解地看著我。

「崩潰有些時候是因為我們覺得難過的心情很模糊，沒有意義，我們不知道如何是好。而允許情緒的出現，就好像辨認出情緒的樣子。當我們難受時，我們觀察自己對自己說了什麼話，做了什麼事。」我停頓了一下，看著琳琳疑惑的樣子，告訴琳琳：「我們可以拿起筆和紙寫下滿滿情緒背後想要說的話、甚至刻畫出情緒的樣子。當我們能更清晰地描述它的時候，更貼近它時，或許我們就更能容忍它的存在了。」

從小你我或許常聽到「哭什麼哭，有什麼好哭！」、「發什麼脾氣！叫你做一點事情就生氣！」、「不要難過啦，人要堅強！」等。漸漸地，我們彷彿也誤會了生氣、難過等的心情是不被允許的，甚至被視為是無能的。因此我們要承接自己的情緒會不適應、會害怕是必然的，這是需要勇氣的過程。在情緒像海浪般翻騰時，我們也可以試試看不一樣的選擇，如拿起紙筆或任何可以記錄的工具，寫下當時的自己在做什麼、在想什麼、身體感受到什麼、想要說什麼……寫下任何想要記錄的事，陪伴自己進入翻騰的情緒底層。等過一段時間再看，或許會看到靈魂深處想要告訴自己一點什麼的端倪。

我很感謝每個來到諮商室裡的個案，與我分享心裡深處的吶喊。我常覺得那暴風雨般的情緒就像是莧籽在熱鍋中爆開的樣子，「霹啪啪啦」的聲音，瘋狂地跳躍、跳出鍋子、跳到身上、掉在地上。爆開莧籽時，必須用濾網蓋著鍋子，給予莧籽爆發的空間。看著莧籽從顆粒狀變成爆米花口感版的小籽籽，體積微微變大了，也彷彿擴張了莧籽原有的樣貌。

爆好的莧籽，加入自己喜歡的果乾和堅果，用融化巧克力包覆著，成了一個簡單的甜點。用幾個簡單的天然食材就能製作出營養又美味的巧克力穀物棒。同等，情緒是上天賜給人的禮物，也是「天然的」。

唯有我們觸摸自己的情緒時，即便張力很大，也不怕碰觸它，我們便真實地感受了自己的存在，也逐漸能發現自己豐富的靈魂，其實是有能耐承擔起我們所經歷的。

11

巧克力穀物棒

—

Chocolate Puffed Amaranth Bars

SERVES	FRIDGE	TIME	DIFFICULTY
5		1.5 hours	3/10

MATERIAL 材料

1. 爆好的莧籽 *40g*

2. 無花果乾 *20g*（切小塊）

3. 蜂蜜或楓糖 *30g*

4. 無鹽奶油 *15g*

5. 杏桃乾 *30g*（切小塊）

6. 腰果醬 *60g*

7. 黑巧克力 *140g*

STEP 步驟

· 前置作業

1. 將無花果乾、杏桃乾切小塊。

2. 不鏽鋼鍋子不加油加熱。熱鍋後，放入不到幾秒後就會聽見莧籽爆開的聲音，這時準備一個不鏽鋼過篩網，蓋在鍋子上。等全部的莧籽都爆開後，取出放入碗中，再爆下一批莧籽。爆的過程中，不時搖鍋子以避免部分莧籽焦掉。

一開始或許很難拿捏爆開莧籽的溫度，越熱越好但又不能過熱。相信我，你可以慢慢找到合適的溫度。

13

・巧克力穀物棒製作

3 將爆好的莧籽、無花果乾、杏桃乾、腰果醬、楓糖攪拌均勻。

4 將黑巧克力、無鹽奶油隔水加熱。

5 加熱後的巧克力加入步驟4，攪拌均勻。

6 將攪拌好的巧克力穀物倒入喜歡的模型中，放入冰箱冷藏半個小時或以上，倒出來吃即可享用。

TIPS

可用花生醬替代腰果醬。

15

適時清空內心，創造出新的空間：
無花果酥餅

—

我喜歡清冰箱的過程，將剩下或即將過期的食材，製作成創意料理或甜點。將冰箱清空後，冰箱多了一些空位放新東西，又可以消耗掉食材，避免浪費，整個冰箱看起來也整潔多了。看著被清空的冰箱，心裡也會跟著有種舒快感。冰箱偶爾需要清一下，人的心裡偶爾也需要梳理一下。許多時候我們認為生活中的大小鳥事過了就算了，或不知道該找誰聊聊，擔心說出來的事情不被正視、不被理解、被他人拒絕、擔心自己非理性的情緒會嚇到他人而選擇沉默。只是事情累積久了，有一天當內在的能量不夠時，難免就會爆發開來。

「這件事情困擾我很久了，我一直告訴自己不要想太多。但我最近越來越不想上班，看到同事我就會很不耐煩，想法變得很負面。」小茵有氣無力地敘述近日上班的壓力。小茵在一家多媒體公司上班，負責影片剪輯工作。認真努力的小茵凡事親力親為，無論是主管交代的工作，或是同事請小茵協助的事情，小茵都會盡力完成使命。不知不覺地，小茵的工作堆積越來越多，常常自己一個人搞得很晚下班，回到家也會忍不住對另一半發脾氣。

「每次主管交代我工作，我都覺得很無力。看到其他人工作很散漫，我也很氣。但又不知道要怎麼跟他們說，想說我自己來就好。只要讓他們做，一定會出錯。有些時候不是我負責的事，他們也要請我做。我以前很喜歡上班，但最近早上都很沒動力，回到家也不想做其他事情。我覺得自己好像變得越來越負面。」小茵所承受的壓力其實一點都不陌生。小茵想要做好很多事情，但有時候無法清楚拿捏工作的界線，凡事都扛在自己身上，對自己似乎也有一個莫名的期待：我需要凡事都能做。即使小茵已經盡力了，認為對自己無法完成的事情深感無力，甚至認為自己不應該有負面的情緒。

「每次我跟我男友說的時候，他都會不斷勸我想開一點，或是給我很多方法。」小茵停頓一下：「我常懷疑自己是不是堅韌度不夠，是自己太玻璃心。」

生活中我們曾有過不知道找誰傾訴，而將問題攬在自己身上。我們都很努力想調適自己，但問題仍然無法處理時，難免就會自我懷疑，認為是自己想太多、不夠堅強、不應該有類似的情緒等。即便我們鼓起勇氣找人聊聊，他人給予的反應可能會讓我們懷疑自己的情緒，覺得自己真的很糟糕、很差勁。要好好說出自己的處境，會面對許多的風險。除了會面對被質疑或增加自我否定的風險外，好

好清空內在的過程也會迫使我們面對許多讓人恐懼的真相。我們需要正視那讓人失望的關係、挫折的工作、太太或先生對自己冷漠、教養孩子的無力感，面對種種讓人渾身不舒服的真相。雖說真相讓人得到自由，但實際上真相讓人恐懼，真相挑戰我們熟悉的習慣、熟悉的文化，挑戰熟悉的自己，真相逼使我們做一些取捨與改變，而人害怕改變。

小茵在好好清空生活壓力的過程，重新檢視過去生活中汲汲營營經營自我的樣貌。有時候會碰觸到不舒服的過去，甚至會碰觸到人性裡不容侵犯的自傲，但勇敢的小茵，選擇陪伴自己好好面對。

「或許我對自己太要求了，凡事都想做好，說實在的，那些都不是自己的責任，我需要學習對自己寬容一點。」陪伴小茵聊聊工作壓力的過程，小茵很快就發現自己害怕拒絕他人、對自我常要求過高。過去小茵給自己凡事都能做到的自我形象，其實也在反映小茵希望自己被接納、被肯定的一面，但小茵尚未學會其實自己不需要樣樣都完美才能被接納。當小茵好好面對自己的感受，好好面對自己的需要，小茵不需要太多的指點或建議，就知道該如何對待自己了。

清空心裡的過程，有時候會挑戰我們，讓我們直接面對殘酷的真相，要求我們改變，或迫使我們放棄一些看似維繫自我價值感的事物。但清空的過程，也讓我們有機會為生命注入新的刺激，讓困境中的自己長出創新的一面。清空心裡，我們才有機會踏上走入內心的路，慢慢修正與調整，看見自己真實的樣子。

無花果酥餅是某日在清冰箱時的突發奇想產品。猶記當時連假，看到冰箱有一袋所剩不多的無花果，剩下些許的起司粉，以及一大袋待清空的柳橙。為了不讓這些食材過期壞掉，就將它們用創意組合在一起，變化出無花果酥餅。加入起司粉的酥餅多了一點鹹甜的味道，與加入柳橙汁的無花果內餡搭配得天衣無縫。太久沒清冰箱會影響循環系統，丟掉過期的食材也是一種浪費。偶爾清空一下冰箱，可以讓生活變化出新風味。而人心如此細膩豐富，更需要定期整理一下，讓生活看見新的可能性。今天，你預備好為自己生活整理一下了嗎？

17

無花果酥餅

——

Fig Crumble Bar

SERVES
4

OVEN

TIME
2 hours

DIFFICULTY
6/10

MATERIAL 材料

· 無花果內餡

1. 無花果乾 *100g*
2. 葡萄乾 *100g*
3. 柳橙汁 *130g*
4. 蜂蜜 *20g*

· 酥餅

5. 無鹽奶油 *75g*（切丁）
6. 低筋麵粉 *105g*
7. 起司粉 *23g*
8. 泡打粉 *3/4* 茶匙
9. 細砂糖 *45g*
10. 鹽 *3/4* 茶匙

STEP 步驟

· 前置作業

1. 預熱烤箱。

2. 準備 *250*100*25mm* 的長條模型。

· 無花果內餡製作

· 酥餅製作

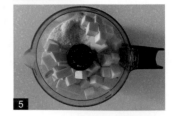

3 將無花果乾的蒂頭剪掉後，無花果乾切成 1 公分大小的形狀。加入葡萄乾、柳橙汁與蜂蜜後，煮 5 分鐘左右關火，浸泡 1 個小時，或果乾都吸滿了柳橙汁為止。

4 取 100g 的無花果內餡打成泥，剩餘的放一旁待用。

5 將冷藏奶油切丁，約 1 公分大小，加入低筋麵粉、起司粉、泡打粉、細砂糖與鹽，用調理機攪拌成沙狀。

· 組合及烘烤

6 取 180g 的酥餅麵團，壓在 250*100*25mm 的長條模型上。

7 鋪上打成泥的無花果內餡後，在上面鋪上剩下未打成泥的無花果乾與葡萄乾。

8 灑上剩下的酥餅麵團，放入預熱好的烤箱，以上下火 180 度烘烤 30 分鐘。

9 烤箱取出後，用刀子輕輕地切塊，等涼透後，再順著原本的刀痕切塊，即可享用。

TIPS

 5

若沒有食物調理機，則可用手的指尖搓揉成沙狀。

培根巧克力餅乾

―

之琳是一個才華橫溢的女孩，她會畫畫、會做菜、擅長運動，常有創意的想法，對人友愛，也很關心動物們。身邊的人都覺得之琳非常優秀。但之琳對自己的狀態並沒有很開心。

「我真的不知道怎麼辦，部門每天都開會，但又常常沒跟會議的結果走。每天上班都覺得浪費時間，自己好像白忙一場。我真懷疑是不是又要換工作了。」之琳無奈地敘述著上班的氣氛。

之琳曾經換過無數的工作，每一份工作都待不久。工作到一個階段，即便之琳很能勝任工作項目，但常會覺得工作內容不是自己喜歡的。對於自己常上演離職、求職、投履歷、面試的循環感到厭惡，甚至自我懷疑。

之琳接著說：「每次浮現離職的想法，都讓我很討厭自己。人生究竟還要換幾次工作，我才可以安定下來。同年齡的朋友都已經升到主管，甚至買車、買房子，我還跟家人住，戶頭裡的存款也沒幾個零。朋友都說我會很多東西，但會又怎麼樣，這些無法用在工作上啊！」

我對之琳說：「確實這種離職求職的狀態已經上演變多次的，每次都以為可以是新的開始，可以持續地做下去，做出一些業績，但是離職又讓一切歸零，工作上似乎看不到任何的成就感。職涯上的停滯真的會讓我們很不舒服，懷疑自己，之琳討厭自己的感受很真實。畢竟人都想要自己越來越好，之琳也很渴望看見自己真的好。」在旁的我，非常可以理解之琳內在的挫折與無助感。

「以前我很喜歡畫畫，很愛創作，還很自信的跟朋友們分享自己的創作。現在下班後，我連拿起畫筆的動力都沒有，回到家只想癱在沙發上。每天都覺得自己好廢。」

之琳停頓了一下，又繼續說：「我真的很後悔我做每一件事情都不夠堅持。」

「無法堅持背後也一定有原因，有些事情是我們在意的。」我回覆之琳。

「或許我無法吃苦吧，或我太在意別人的想法，別人會認為我真正想做的事情太天真。我不是不能做這份工作，但我似乎也不敢想像自己一直做這份工作。下班常覺得人生少了點什麼，不是很開心，有時還會遷怒到男友身上。我真的很想知道我的人生可以做什麼……。」之琳敘述完，無奈地看地板。

「這輩子，我想做什麼，我適合做什麼？」大概是身為人都想知道的事，而我們很常只從一份工作來定義自己合適做什麼。當我們將定義自己的方式鎖定在單一的角色裡時，常常也局限了生命持續探索與發展的可能性。人生的選擇可以很多元，我們也可以從不同角色定義自我。我們白天可以是業務，晚上可以是插畫家；白天是照顧三個孩子的媽媽，晚上是可以在網路上貼文，帶給人反思的部落客。

我問之琳：「妳知道一首動人的交響樂會有哪些樂器嗎？」

「大提琴、中提琴、小提琴、長笛、短笛等啊⋯⋯老師我大概知道妳的意思了，我好像將工作局限在一種樂器上，但其實一首交響樂是可以有不同樂器一同演奏的。」

「回應妳的內在衝突，給予共存的空間吧！工作繼續做，喜歡的事也可以繼續做。當我們願意給予生命不同聲音共存的空間，也彷彿給了生命拓展與發展的空間。或許，慢慢的，無意間，生命不經意的就回應了我們。我們不只讓小提琴演奏，定義這首曲子，也讓中提琴、大提琴、長笛、短笛、雙簧管等一起演奏，奏出一首動人的交響曲，而我們可以是交響樂團裡的指揮家。」

內在的衝突就好像美式巧克力餅乾裡，加入鹹脆的培根。一開始會覺得怎麼可能，巧克力餅乾就應該是甜的啊！但我們可以給自己一個新的嘗試，給予培根與巧克力共存的空間。不覺得培根巧克力餅乾鹹甜參半的滋味，跟內在衝突的樣子有幾分相似嗎？

還在掙扎的朋友，來烤一盤培根巧克力餅乾吧，細細感受一下培根與巧克力在舌尖共舞，體驗培根跟巧克力帶給自己的新感受。若我們將允許衝突共存的能力帶入生活中，在那共存的空間裡，我們有什麼新的感受嗎？鼓勵你，將這些感受都一一記錄下來。

培根巧克力餅乾

SERVES	OVEN	TIME	DIFFICULTY
8		*overnight*	6/10

MATERIAL 材料

1. 無鹽奶油 *150g*（室溫軟化）
2. 細砂糖 *85g*
3. 紅糖 *100g*
4. 全蛋 *1* 顆
5. 培根 *80g*
6. 巧克力豆 *100g*
7. 巧克力 *100g*（切碎）
8. 中筋麵粉 *250g*
9. 泡打粉 *1* 茶匙
10. 鹽 *1/2* 茶匙

STEP 步驟

· 前置作業

1. 將培根煎至香脆。

2. 無鹽奶油提前回溫至軟化備用。

3. 將巧克力切碎。

4. 將中筋麵粉、泡打粉過篩。

5. 預熱烤箱。

TIPS

❶ 不用放一滴油，培根會自己出油。

· 培根巧克力餅乾製作

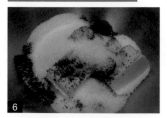

6

將室溫放軟的無鹽奶油，加入細砂糖和紅糖打發至蓬鬆的狀態。

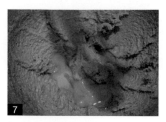

7

加入全蛋攪拌均勻。

8

將煎好的培根切碎，和巧克力豆、切碎巧克力混合。

9

將步驟 8 倒入步驟 7 攪拌均勻。

10

加入過篩後的中筋麵粉、泡打粉和鹽，將麵團攪拌均勻即可。

11

將麵團整形成一粒一粒的球狀，每粒約 47～49 克左右，用保鮮膜包覆住後，放入冰箱冷藏至少 1 個小時或隔夜。

12

第 2 天拿出冰箱，排開放在烤盤上。

13

放入預熱好的烤箱，以上下火 180 度，烘烤 15 分鐘左右。

14

取出後用湯匙壓一下，在架子上放涼培根巧克力餅乾後，即可享用。

TIPS

10

不要過度攪拌。

11

麵團之間要留一些空隙。

以開放的心面對已知：
甜菜根巧克力蛋糕

―――

「你去看心理師？你有病喔？」

「阿翔最近去諮商，他是不是有什麼問題啊？」

「去諮商的人是不是都怪怪的啊！」

近幾年心理諮商越來越蓬勃發展，但對許多人而言諮商仍然非常神祕，也有點搞不清楚諮商與諮詢的差別，或是會以「有問題」的字眼形容接受諮商的民眾。

記得某一次我到學校跟一位小三的男孩，小博諮商。小博因疑似家暴事件而被送到輔導室。第一次諮商結束，小博很開心地說：「下次見！」；但第二次諮商，我在輔導室等了十分鐘，小博仍然沒有出現。輔導老師尋找小博時，發現小博在資源班找老師聊天。小博其實知道有安排諮商，但老師邀請小博前往輔導室時，小博一臉不悅，臉往下沉、不發一語地往輔導室走。

「小博怎麼了？」我關心小博後，小博仍然不說話，眼神充滿殺氣，用踱步的方式走到教室的一個角落，雙手握拳矗立著。

「你手握著拳頭，好像很生氣，是誰惹你不開心了？」小博低著頭瞪著地板，接著雙手很用力地捶牆壁。我記得上次小博結束諮商後，小博很開心的跟我約定，要來好好學習表達情緒的事。但這次看小博彷彿有許多的怒氣，捶了幾次牆壁後，小博拉高聲量，很用力地說：「我……不……要……來！」

我好奇地問：「怎麼了？是什麼原因讓你不想來？」

小博沉默了一段時間，繼續用力地捶牆壁，來來回回詢問都問不出個所以然。接著我提高聲量說：「你因為不想來而氣成這樣，用捶牆壁來表達你的生氣，讓自己受傷，這是你對待自己心情的方式嗎？」

小博一聽到我這樣說，似乎很詫異我關心的竟然是他的心情，捶牆壁的力道慢慢減緩，面對牆壁佇立著。我用較為嚴肅的語氣：「給我坐下來，好好說清楚發生什麼事情。」小博找了個角落坐下來，我徵求小博同意，坐在他一旁。

「到底發生什麼事了？我做了什麼讓你不開心嗎？」我用堅定的口吻詢問小博，小博用很微小的聲音說：「沒有。」我旁敲側擊地試圖瞭解原因，直到我問：「那是誰說了什麼讓你不想來嗎？」小博不發一語，顯然小博可能聽到了什麼，讓小博對於這次來輔導室深感排拒。

進一步引導下，才知道父親對於小博諮商有許多的不滿，認為小博去輔導室是沒用的表現。一直以來小博對父親有許多矛盾掙扎的感受，小博一方面認同父

親的父權角色，一方面對父親深感恐懼與排斥。當小博表現不如父親想像中的男子氣概時，就會被父親嘲笑或大罵：「沒出息。」並在當天送小博去上學時，對小博說：「去什麼輔導室，丟臉死了。」

「你以為誰都可以來輔導室嗎？這是需要篩選的！有勇氣的人才可以走進輔導室！已經不行了，但嘴裡仍然說：『我沒事』的人，這不叫勇敢，那叫逞強。唯有有勇氣，願意學習好好幫助自己的人，才有資格進來這裡。」我看著小博，以溫柔堅定的口吻敘述，希望帶著小博重新理解諮商輔導這回事。

慢慢的，小博不像一開始般倔強，並表現出好奇的樣子，身體的姿勢慢慢轉向我。小博分享了更多父親對諮商輔導的反應。我們提到父親可能尚未理解，以及學會面對情緒的概念；所以我協助小博理解父親對諮商輔導的反應。小博離開之前，跟我擊掌約定下次在輔導室，學習認識自己的情緒。

小博父親對諮商輔導的迷思並不少見，有時候我們認為問題自己解決就好，有壓力就去找人聊是很懦弱的表現。普遍大眾對諮商的迷思不只有「有問題的人才需要」，也有人認為諮商只是聊聊天，找朋友聊就可以了、需要有非常嚴重的問題才去諮商……我也曾以為諮商的過程，我會躺在椅子上不斷敘述自己，心理師只負責旁邊點頭，說：「嗯哼。」在尚未真正接觸諮商前，我們對諮商都有不同的理解與想像。但真的接觸諮商後，就會發現諮商與原本想像的差很多：不見得有問題才需要諮商、心理師不一定能夠一次解決問題、心理師似乎無法完全猜透我的心、諮商也未必有想像中的躺椅……。

對於諮商的迷思或許來自電影故事中的橋段、個人的想像等，所形成的印象。既定印象就像是我們認為長髮是女生、男生不能哭等。我們帶著自己既定印象與世界互動，但生活每天在轉動，也不斷地挑戰我們對事情的理解。當我們過於堅信自己的想法時，終究會讓我們變得僵化。但只要我們願意開放自己、對所持有的信念產生疑問，就會拓展我們對事情的不同視野。

我對甜菜根也有自己的既定印象，甜菜根在我成長經驗中，都是拿來煮湯的角色。但在某一天，我如常地看著煮食節目，看到英國主廚 Nigel Slater 用不疾不徐的步調與說話方式，分享如何使用甜菜根製作巧克力蛋糕時，我感到十分驚喜。沒想到甜菜根也可以用來製作蛋糕，而且也有讓蛋糕更濕潤的效果。一直以來，甜菜根對我而言，屬於煮鹹食的食材，跟甜食完全搭不上話。但這個甜菜根巧克力蛋糕食譜，洗刷了我對甜菜根的既定印象，巧克力原來可以跟甜菜根搭在一起，而放入甜菜根的巧克力蛋糕，有一點淡雅的大地味道，是一款很樸實的蛋糕。

用甜菜根巧克力蛋糕提醒自己，生活中以開放的心面對已知，隨時體認自己的未知，生活也會因此變得更寬廣、更豐盛。

甜菜根巧克力蛋糕

—

Beetroot Chocolate Cake

SERVES
8

OVEN

TIME
2 hours

DIFFICULTY
6/10

MATERIAL 材料

1. 無鹽奶油 *150g*（室溫軟化）

2. 細砂糖 *100g*

3. 全蛋 *3* 顆

4. 甜菜根泥 *300g*

5. 融化巧克力 *200g*
   （*75%* 巧克力）

6. 中筋麵粉 *125g*

7. 可可粉 *40g*

8. 泡打粉 *1* 茶匙

9. 鹽 *1/4* 茶匙

10. 動物性鮮奶油適量

11. 巧克力適量（切碎）

12. 蔓越莓粉適量
    （裝飾用可省略）

STEP 步驟

· 前置作業

1. 預熱烤箱。

2. 將約 *600g* 的甜菜根用電鍋煮熟，在外鍋放 *1* 杯半的水蒸。取 *400g* 煮熟的甜菜根切丁，用果汁機或食物調理機打成泥狀，為甜菜根泥。

3. 將巧克力隔水加熱融化。

4. 無鹽奶油提前回溫至軟化備用。

5. 將中筋麵粉、可可粉、泡打粉過篩。

6. 在 *8* 寸的圓形烤模鋪上烘焙紙。

無鹽奶油和細砂糖打發。

全蛋分次加入,打至乳化。

加入融化的巧克力和甜菜根泥。

加入過篩後的中筋麵粉、可可粉、泡打粉、鹽,攪拌均勻。

放入預熱好的烤箱,以上下火 180 度,烘烤約 50 分鐘或至熟透。

建議在上面放一些打發好的動物性鮮奶油,以及切碎的巧克力,即可享用。

32

成為自己的專家：
荔枝提拉米蘇

一

　　食譜在烘焙中扮演著重要的角色。食譜若能清楚列出食材、重量，清晰交代每一個製作的步驟，所須麵粉的克數、烘烤溫度與時間等，就更能掌握製作的成品。附上圖像的食譜，能讓人更具象化過程中的每個步驟，知道蛋白打發的狀態、什麼是隔水加熱等。明確清晰的食譜提供我們在廚房的掌控感，讓人可以更有信心地完成。烘焙食譜提供清楚的食材與步驟，能增加烘焙的準確性；諮商室裡，人們也好希望可以有明確的解答和步驟，能解決掉生活中的種種壓力與困境。

　　「他每天都不去上學，躲在房間裡玩手機！學校怎麼辦啊？」

　　「我真的很不想一直去檢查，但不檢查又會讓我很痛苦……我不知道該怎麼辦。」

　　「我每天都很害怕接到家人的電話，告訴我姐姐發作了，媽媽又大吼大鬧，我要如何讓家人不要再煩我了？」

　　諮商室裡常聽到生活不符合想像的崩潰失控故事，孩子突然拒學、無法控制自己的強迫性行為、需要長期照顧身心疾患的家屬等……聽著個案們訴說著生活的際遇時，可以感受到深層的難受與無助感。無助徬徨中，人都好希望被告知該怎麼做，無奈生活並不像烘焙一樣，有明確的食材與清楚的步驟。許多時候我們盡力做好該做的、嘗試各式各樣的方法鼓勵孩子上學、設計各種表單強迫自己努力讀書……付諸了所有的努力，仍然得不到預期的結果，內心就像是個走丟的孩子，迷失了方向，感覺徬徨無助，久了也會深感無望。

　　從小我們就很習慣被告知應該怎麼做、不能怎麼做。我們透過不同資訊的掌握，學習應對生活中的未知，以減緩在不明情況中的焦慮感。而人類從遠古時代至今，面對我們無法應付的情境，會出現焦慮或恐懼反應，是一種生存本能使然的機制。就像是小時候，我們在廣場裡與父母走失了，還不懂得如何謀略生活的我們，害怕地哭得唏哩嘩啦。當父母跟我們再碰面時，會教我們下次走丟時，可以到廣場的服務台找人廣播，這是我們為了減緩走丟所引發的焦慮感，而學習到的方法。

　　在這個資訊龐雜的世代，我們可以很輕易地獲得各式各樣的資訊與方法，以應對生活的未知，提高生活的品質等。例如：如何教養出優秀品格的孩子、在面試中脫穎而出的辦法，讓喜歡的人愛上自己等。同一主題會有不同的專家分享不一樣的觀點與建議，人們也特別喜歡聽專家們的分享。廣播節目、媒體報導等找

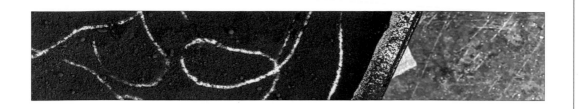

專家來分享，可以提升節目或收視率的可信度。人們聽了專家的說法，彷彿也變得比較有方向感。諮商室裡，生活與期待的落差所引發的焦慮，也會促使個案們急著跟坐在眼前的心理師尋求解藥，就好像醫生可以立即開處方箋一樣。

「老師，你可以幫到我的問題嗎？」

「我需要諮商幾次才可以好？」

「諮商就是這樣聊天嗎？會有效嗎？可以跟我說要怎麼做嗎？」

我們很相信專家怎麼說、別人怎麼說，但有時候不懂得如何傾聽自己怎麼說，特別是生活超出我們所能掌控的範圍時，我們仍然像迷失的小孩般等待著救援，期待著有人可以直接告訴自己解答。若要自己找到出口，我們可能會擔心自己走錯、會遇到可怕的事情，冒險讓人感到恐懼。為要避免犯錯，我們維持自己精明的形象，避免自己停留在處境中，去碰觸自己的慾望、害怕、幻想、恐懼……我們擔心這些需要被自己看清的面貌，會被定義為個人問題：你就是想太多、你就是缺乏能力才會這樣等。

但生命在成熟的過程必然變得複雜，我們並非只是像小孩般聽從指令與命令。拋開活得精明才是王道的假象，偶爾的犯錯、愚蠢、笨拙、惡劣是生命的一部分。學習長大就是不再像小孩般害怕自己看起來像個傻瓜一樣，我們都是偶爾會做蠢事、說錯話的大人。當我們不再像小孩般害怕做錯決定，我們反而多了內在的自由，無須活在假象中。諮商室裡，心理師有時不立即給予建議是因為我們看見的可能只是整體的一部分，立即給予解藥，反而失去了練習承載個人笨拙一面的能耐，錯過看見自己既精明但也會犯錯的完整性。當我們膽敢去碰觸那拙劣的自己，透過諮商有方向性的釐清與陪伴過程，我們會發現自己是最好的專家，知道如何為自己做選擇、學習認識困境中的「為何」，幫助自己堅定地走下去。

諮商並非不給予建議，聽取別人或專家的建議不一定代表我們失去自主權。就如同食譜能夠提供清楚的食材與步驟，但有些時候可以依自己的想要做一些變化。雖然變化可能會遇到被論斷的風險，但也可以藉此理解是否是自己喜歡的或想要的。荔枝提拉米蘇是我某個炎熱夏天，逛菜市場時的啟發。盛夏是荔枝大量生產的季節，當時我好想吃提拉米蘇，於是就決定將荔枝加入提拉米蘇。此食譜或許會被提拉米蘇大師或義大利人質疑，可是創作後的成品是我喜歡的味道。大家若願意，可以一起來試試看，嚐嚐這是否也是自己喜歡的，若此食譜開啟了其他口味的想像，你也可以為自己做一個屬於自己的提拉米蘇。

荔枝提拉米蘇

——

Lychee Tiramisu

SERVES	FRIDGE	TIME	DIFFICULTY
6		*overnight*	6/10

MATERIAL 材料

· 荔枝提拉米蘇

1. 手指餅乾 *32 ～ 36* 個

2. 紅茶 *150ml*

3. 荔枝酒 *a 45ml*

4. 手指餅 *35 ～ 40* 個

5. 荔枝果肉 *600g*（切碎）

6. 可可粉適量

· 荔枝馬斯卡彭醬

7. 馬斯卡彭起司 *250g*

8. 荔枝酒 *b 30ml*

9. 全蛋 *2* 顆

10. 細砂糖 *50g*

11. 動物性鮮奶油 *240g*

STEP 步驟

· 前置作業

1. 預熱烤箱。

2. 將荔枝果肉切碎。

3. 在 *31.2cm*25cm*5cm* 的派盤鋪上烘焙紙。

4. 依照市售紅茶包外的標示說明，以熱水泡開後，取 *150ml* 紅茶。

· 荔枝馬斯卡彭醬製作

5 將荔枝酒 b 放入馬斯卡彭起司裡攪拌，另外拿一個盆子，下面放冰塊以更穩定地打發動物性鮮奶油。將兩者混合均勻，放一旁。

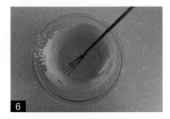

6 以隔水加熱的方式，打發 2 顆蛋黃與 25g 的細砂糖，注意水的溫度控制在 70 度以下。將打發後的蛋黃從鍋子中取出放一旁。
將 2 顆蛋白與 25g 的細砂糖打至濕性發泡。

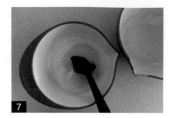

7 打發的蛋黃與蛋白攪拌均勻，再加入步驟 4 攪拌均勻。

· 荔枝提拉米蘇製作

8 煮好的紅茶放涼，加入荔枝酒 a。
將製作好的手指餅乾輕輕沾紅茶酒，每面大約停 2 秒即可。將沾好紅茶酒的手指餅乾整齊排列在盤子上。

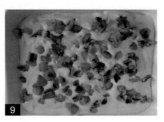

9 在鋪好手指餅乾上，鋪上步驟 5 的荔枝馬斯卡彭醬，再灑上切碎的荔枝果肉。

10 重複步驟 8–9，依序放上已沾紅茶酒的手指餅乾、荔枝馬斯卡彭醬、碎荔枝果肉，共重複 2 次。

11 隔天從冰箱取出後，可以用繩子隨意擺放在蛋糕表面，設計出喜歡的紋路後，再灑上可可粉。

12 將繩子拿走後，就可以看到漂亮的紋路，即可享用。

39

陪伴自己與他人真誠地面對自己，在關係中真實的相遇：
巧克力花生蛋糕

　　生活會遇到各式各樣困擾的困境，與伴侶溝通不來、工作失去熱情與方向、小孩不上學、婚姻關係觸礁……在種種考量下，許多時候我們選擇不說，擔心說出來只會徒增他人的煩惱，帶給他人負能量等。然而隱藏在心裡的困擾，始終不會因為我們的忽視而消除，甚至可能在日積月累後造成心裡的負擔與壓力。而我們確實很少體會與他人說出自己任何感受與想法、表現出自己可憎恨、黑暗、脆弱的一面時，另一方仍可以接住如此討人厭的自己的經驗。尤其是每次我看著案主淚流滿面地說出所經歷的處境，長期承受的重擔時，便發現許多人找不到表達自己的空間，或是從小就沒學過可以如何相信環境，學習如何表達自己。

　　「我花了四年的時間來學習相信妳。」茜茜自國一就來諮商，隔了好多年之後，有一天茜茜在敘述著與家人的關係時，突然如此說。

　　茜茜初期因學校人際關係被父母帶來諮商，早期晤談過程，茜茜常在我面前都表現出沒事的樣子。茜茜常常很開心地分享生活中的其他事情，談起學校時也只會分享有趣好玩的事件。初期我也很好奇是什麼讓看似一切過得不錯的茜茜持續來諮商，偶爾我們好像可以一起討論些生活小麻煩，即便父母跟我分享茜茜在學校的事情，茜茜都會笑笑地說：「啊！那沒事啦！」

　　但隨著時間，茜茜家人之間的衝突在諮商室越來越突顯。

　　在一次看似嘻笑的諮商過程，父母提起近日外出用餐的經驗時，父親越說越激動，母親生氣地拍桌，狠狠地瞪了茜茜說：「都是妳的錯！說什麼要吃日本餐！」那是我第一次看茜茜眼眶泛紅地坐在原位，四肢僵硬的無法說出任何話。那次之後，父母在諮商室裡出現的頻率開始變得不穩，甚至常常是茜茜一個人來諮商。

　　不是真的沒事，而是茜茜希望這一切都沒事。

　　茜茜在家裡很容易變成出氣筒，特別是父母爭執時，母親情緒上頭常用犀利的言詞謾罵、貶低茜茜，讓茜茜常無所適從，很難分辨父母對自己的關愛是否是真實的。茜茜理智上明白父母很努力想要愛自己，但母親的情緒不穩時，母親的一字一句、一個眼神、父親的逃離，都讓茜茜難以分辨什麼是真實的愛。

　　「茜茜很難相信有人真的可以好好在乎自己，在乎茜茜的感覺與需要，但茜

茜在練習分辨中。」我回應茜茜。

　　每個人都渴望我們能如自己所是的被看見、被接納。茜茜的父母很渴望對方看見自己的需要，但也常在對話過程中把彼此推開，深受傷害。其實茜茜與家人的互動經驗並不陌生，諮商室裡常充斥著許多關係裡被忽視、冷漠、拒絕、排斥等的故事，而人很不懂得如何處置那在關係中不被接納的自己。

　　「有時候我會想，如果媽媽不是因為懷了我，就不用跟爸爸結婚，就不會有今天的悲劇。」茜茜將放在心裡很久的想法說出來。透過一次又一次的接觸，茜茜感覺可以自在的展現自己，可以學習將內在的掙扎說出來，儘管那些感受與想法在父母或外人看來可能有點鼻酸刺痛、有點愚蠢可笑。然而弔詭的是，當最不堪、最黑暗、最可恨的一面在關係裡可被看見及被接住時，茜茜反而更能去正視心裡的掙扎，學習去分辨內在害怕的聲音。

　　諮商室裡的相遇是一個很奇妙的歷程，諮商有時候並不是用了什麼絕世的技巧，諮商更像是一份人與人的關係，讓曾經在關係中失去連結自己有機會被看見，看見心裡的失落、孤單與無助。透過一次又一次的對話，我們學習與不同面向的自己連結，進而陪伴自己參與世界。由於心理師也是人，也有身為人的限制，心理師是否真實地呈現自己，在許多細節中或許都是被感受到的。因此心理師需要透過不斷地訓練與經驗累積，學習聽見案主真正想表達的聲音，避免陷入個人的迷霧中。換言之，諮商過程中，除了真實的案主允許被看見，案主也需要感受到心理師真實地走出來與自己相遇。我不敢確保我每次都有能力釐清自己的迷霧，可是我很真實地感受到與不同案主的相遇，都在拓展我對自己的認識。若要與案主相遇，我也需要學習誠實地面對自己，不害怕做差勁的自己，學習跟自己好好地連結，慢慢釐清哪些是來自內在的害怕，哪些是案主要告訴我的聲音。

　　要在諮商室裡真實的相遇，有時候也很考驗心理師與案主當下的適配性。適配性涵蓋很多範圍，像是心理師的專長、年齡、性別、個性、狀態，案主的準備度等等。適配性就好像不同食材的風味是否可以搭配在一起，以製作出絕配的味道。如椰奶跟芒果、紫米、咖哩很搭；肉桂跟蘋果很搭等，或是想起花生，就會覺得香蕉、巧克力是最佳夥伴。我個人很喜歡花生和巧克力的組合，而巧克力花生蛋糕是家裡常見的甜點。關係的適配性有時候第一次互動就能見真章，有時候需要時間感受與磨合，然而食物的適配性不會造假，一吃就知道他們是否合適。花生與巧克力的搭配甚少讓人失望，歡迎來試試。

巧克力花生蛋糕

—

Chocolate and Peanut Butter Cake

SERVES
6

OVEN

TIME
4 hours

DIFFICULTY
7/10

MATERIAL 材料

· 巧克力蛋糕體

1. 蛋黃 3 顆

2. 細砂糖 *a 35g*

3. 植物油 *35g*

4. 牛奶 *a 60g*

5. 低筋麵粉 *75g*

6. 可可粉 *15g*

7. 蛋白 3 個

8. 細砂糖 *b 45g*

· 花生抹醬

9. 無鹽奶油 *90g*（室溫軟化）

10. 花生醬 *180g*

11. 牛奶 *b 30g*

12. 糖粉 *20g*

· 巧克力甘納許

13. 巧克力 *150g*（70% 巧克力）

14. 動物性鮮奶油 *150g*

· 裝飾用巧克力

15. 糖粉 *50g*

16. 牛奶 *15ml*

17. 巧克力適量

STEP 步驟

· 前置作業

1. 預熱烤箱。

2. 將低筋麵粉、可可粉過篩。

3. 無鹽奶油提前回溫至軟化備用。

4. 準備 6 寸的圓形烤模。

· 巧克力蛋糕體製作

5 將蛋黃與細砂糖 a 攪拌至糖都融化。

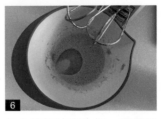

6 加入植物油與牛奶 a 繼續攪拌均勻。

7 加入過篩後的低筋麵粉、可可粉攪拌均勻即可。

8 另外將蛋白打至起泡後，細砂糖 b 分三次加入，打至濕性偏乾的發泡程度即可，即蛋白霜拿起來時，尾端是挺立的。

9 將三分之一的蛋白霜放入步驟 7 中，用橡皮刮刀以切拌法充分混合均勻。

10 將混合均勻的步驟 9，倒入剩下的蛋白霜中，以切拌與翻拌的手法，輕柔但又快速地混合均勻。

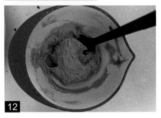

11 將蛋糕糊倒入 6 寸的烤模，放入預熱好的烤箱，以上下火 160 度，烘烤 12 分鐘後，再以上下火 150 度，烘烤 28 分鐘。烤好後將蛋糕倒扣在網架上，等蛋糕體完全冷卻後再脫模。

· 花生抹醬製作

12 將室溫無鹽奶油打發後，加入花生醬、糖粉混合均勻，再加入牛奶 b 攪拌均勻。

· 巧克力甘納許製作

13 將 70% 的巧克力切碎後，鮮奶油放入鍋子中煮至邊邊冒泡關火，將鮮奶油倒入切碎的巧克力，靜置 3 分鐘左右。攪拌均勻，待放涼後，再用攪拌器打發約 4 分鐘左右，完成巧克力甘納許製作。

· 裝飾用巧克力製作

14 將糖粉與牛奶攪拌均勻，巧克力隔水加熱後，倒入攪拌均勻，完成裝飾用巧克力製作。

· 組裝及裝飾

15 將巧克力蛋糕體倒扣，放涼後的蛋糕切成 4 份，每份約 1cm 高。

16 放一層蛋糕，上面抹一半的巧克力甘納許。

17

再放上一層蛋糕，抹上步驟12，約一半的花生抹醬。

18

再放上一層蛋糕，抹上剩下的巧克力甘納許後，再放最後一層蛋糕，塗抹上剩下的花生抹醬。

19

淋上裝飾用的巧克力，剩下的可隨個人喜好裝飾，即可享用。

Chapter 2

原我——人必然面對的內在掙扎

P.48 好好面對拖延，以貼近更真實的自己：椰棗蛋糕

P.54 嫉妒，學習對自己慈悲，遇見自己參與世界的方式：麥片餅乾

P.58 認清父母可以不完美，學習長大成人的過程：酒漬櫻桃巧克力塔

P.64 追求完美但不著重完美：辣味起司玉米片餅乾

P.70 放下給自己的期待：印度酥油餅乾

P.76 真正的我們像鑽石般尊貴不朽：鑽石餅乾

P.82 壓力提醒我們需要的是愛與連結：焦糖無花果磅蛋糕

P.88 恐懼裡正確看見自己的限度，自我接納就不再是膚淺的口號：胡蘿蔔蛋糕

好好面對拖延，以貼近更真實的自己：
椰棗蛋糕

—

「我有拖延問題，常常都要到期限前兩天才開始工作，也不是不能完成，但我就不喜歡那種趕工作的感覺。該怎麼處理啊？」

我非常能夠體會小燕的感受，畢竟我也是一個拖延症患者。即使知道有更重要的事情要完成，但時間常花在不必要的事情上，例如：要準備講義時，就會滑開手機逛網拍；要寫紀錄報告時，就會打開網頁查其他資料；或是寫文章時，就會注意到房間的髒亂，開始打掃房間……有時候心想距離期限還有一段時間，那就先讓自己好好看個影集。內心只想先放鬆享受，別跟我談那些可怕的東西。可是，每當發現所剩的時間不多時，就會開始感覺火燒屁股，變得緊張焦慮。

小燕，我跟你一樣，我也希望自己可以儘早將事情做完，多一點優雅，少一點自責，至少不必在期限快到時大聲在內心斥責自己：「妳怎麼又拖到最後一刻啦！」但到底是什麼讓我們拖延，是什麼讓我們的抗拒啟動引擎，沒有按部就班完成事情呢？

小燕皺了個眉頭說：「抗拒？不知道耶，我每次要做時都覺得好煩，覺得怎麼弄都不滿意，又不喜歡隨意亂做，然後就會去做別的事情了。」

「小燕期待自己可以做得很好很完美，擔心做不好的反應，這種壓力讓我們遲遲無法開始。」我回應小燕。

我們有時候很難察覺我們給了自己多大的壓力，用了多高的標準來要求自己，只認為達到理想中的標準才是好的：我需要做得很完美、我要找出最正確的做法才可以開始、我要找到最好的參考書才開始複習、我做出來的報告必須要避開別人的質問、萬一失敗了怎麼辦……在這些高標準之下，隱藏著一個迷思：表現好就代表有能力，有能力就能夠證明自我價值。於是乎我們很努力地想要讓自己表現好，擔心自己做不好就會將自己沒能力的真相暴露在眾人之下，並經歷讓人難以承受的羞恥感。與其要去面對那令人不舒服的真相，拖延的手段彷彿可以讓我們避免直接經歷表現與能力之間的殘酷事實。而小燕有時候為了避免直接面對表現與能力之間的關聯，生活中安排了許許多多不同的事情，將生活塞得滿滿的，壓縮到真正要做的事情。每當期限將近，小燕卻又覺得懊悔萬分，沒有好好安排時間，生氣自己未能好好拒絕他人，導致生活、工作、人際都一團糟。

小燕敘述了日常生活拖延的模式後，更能看見給予自己的非理性期待：「我

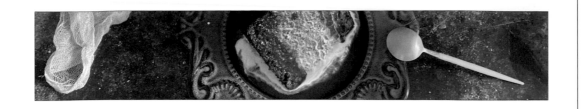

常認為許多事情自己來比較好，盡量不要承認自己不會。有時候我好擔心事情如果不能馬上解決，就會覺得自己有點笨。所以就會將許多事情攬在自己身上。我以為我對自己的要求是合理的……。」

有時候我們也會像小燕一樣，希望自己凡事都能做。別人交代的事情，期待自己像超人般一一解決，卻不懂得如何接受他人的協助，甚至不知道原來我們可以，甚至需要對外尋求協助。我們讓生活被許多不同的事情占滿，同時也合理化了自己的拖延行為，至少藉由拖延，不必去面對表現與能力之間的關聯。於是真正在意的事情，就被我們無限拖延，直到期限快到的那幾天，我們才願意花一些力氣去處理。

在經過幾次的晤談後，小燕突然說：「每個人都有自己的限制。」聽到小燕願意放寬對自己的要求，我替小燕感到開心，小燕接續說：「或許這也是一個機會，讓我學習如何拒絕與接受他人。」

解決拖延並非只是將時間規劃好，有美好計畫即可擊敗的傢伙，拖延背後有時候隱藏著許多不同的聲音。對某些人而言，或許是過高的自我要求、或許是藉由拖延來擺脫被掌控的感受、或是藉著拖延來維繫某些關係的互動……要擺脫拖延，需要花很大的力氣跟面對自己內在的抗拒，認識自己拖延的模式、拖延的迷思、一步一步陪伴自己找出新方法。拖延看起來是一個難搞的傢伙，但拖延或許也是希望我們聽見內心深處的渴望，慢慢調整對自我的渴求，讓我們一步一步更貼近真實自己的好時機。

我非常理解小燕的心路歷程，畢竟我也花了不少力氣認識拖延小姐，甚至也在努力與她相處中。常常我需要很努力地意識自己到底如何恐嚇了自己，然後像嚴父又像慈母般告訴自己：做就是了。生活中大事小事都是拖延施展的舞台，但廚房裡的我甚少有拖延問題。只要想到要做的，似乎就會盡力找時間完成。放假日，我可以躲在廚房裡從早上忙到夜晚，做出不同的麵包與甜點。深夜裡，家人可能都還會聽到機器攪拌的聲音。椰棗蛋糕是我在抗拒準備有關拖延演講時，製作的甜點。當時看到冰箱有一盒朋友送的椰棗，正在準備講綱的我，大腦就莫名想起了曾經在泰國吃到的椰棗蛋糕。當時我和自己約定：不要要求自己一次到位，只要專心弄講義三十分鐘，就能進入廚房做甜點休息一下。三十分鐘過去，我立馬搜尋食譜，接著走進廚房，完成這道甜點。當然，講綱也有如期完成地交出去。

椰棗蛋糕

—

Date Pudding

SERVES 6	OVEN	TIME 1.5 hours	DIFFICULTY 6/10

MATERIAL 材料

· 蛋糕體

1. 無鹽奶油 *80g*（室溫軟化）

2. 黑糖 *a 30g*

3. 全蛋 *2* 顆

4. 椰棗 *270g*

5. 蘇打粉 *1* 茶匙

6. 熱水 *200ml*

7. 蘭姆酒 *a 50ml*

8. 中筋麵粉 *180g*

9. 泡打粉 *1.5* 茶匙

· 太妃糖漿

10. 動物性鮮奶油 *a 150g*

11. 奶油 *75g*

12. 黑糖 *b 75g*

13. 蘭姆酒 *b 40ml*

14. 動物性鮮奶油 *b* 適量

STEP 步驟

· 前置作業

1. 預熱烤箱。

2. 無鹽奶油提前回溫至軟化備用。

3. 將椰棗、蘇打粉、熱水泡 *20* 分鐘後，攪拌成泥。

4. 將中筋麵粉、泡打粉過篩。

5. 準備 *6* 寸圓形烤模。

3

51

· 蛋糕體製作

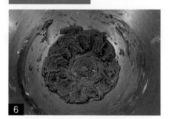

將室溫軟化後的無鹽奶油與黑糖a打發後，全蛋分次加入攪拌至乳化。

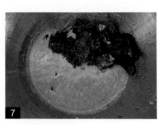

加入攪拌成泥的椰棗、蘭姆酒a攪拌均勻。

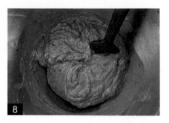

加入過篩後的中筋麵粉、泡打粉，攪拌均勻。

將麵糊放入6寸大小的圓模，放入預熱好的烤箱，以上下火180度，烘烤40分鐘或至熟透為止。

· 太妃糖漿製作

將動物性鮮奶油a、奶油、黑糖b一起煮至冒泡泡。關火後，加入蘭姆酒b。

· 組裝

蛋糕出爐後，在蛋糕上戳幾個洞，倒入約一半的太妃糖漿，讓它浸泡半個小時。待蛋糕較涼一點，倒扣出來。

這道甜點很適合在冬天享用。可在椰棗蛋糕上淋上溫熱的太妃糖漿，及動物性鮮奶油b，即可享用。

嫉妒，學習對自己慈悲，遇見自己參與世界的方式：
麥片餅乾

一

「我不喜歡嫉妒的感覺，但有時候真的很想要找出對方並沒有那麼好的證據，公告天下，我不了解為什麼每個人都喜歡美蘭。我知道這樣的想法很幼稚，但我就忍不住會這麼想。」小薰因覺得自己常嫉妒他人，認為自己有點太病態而來諮商。

嫉妒，是一種自然的情緒，有時候容易讓人失控，做出毀滅性的行為。我們巴不得對方無法得到所擁有的，甚至收到某種懲罰。可理智的我們，會不斷禁止自己如此感覺與思考，認為這是一個醜陋的心態，對自己嫉妒的心深感羞愧。我們不喜歡自己善妒，甚至擔心別人發現自己怎麼有這麼邪惡的想法。我們一方面不喜歡這樣的自己，一方面又會覺得難以控制，內心矛盾糾結。

狗狗也會有嫉妒的情緒，更何況是人類。從古至今，無論是希臘神話、聖經、甚至到現今的社會、國家，彼此之間都存在著愛比較、善妒的心態。聖經中掃羅嫉妒大衛，對大衛做出許多追殺的行動；聽說希臘女神希拉的老公宙斯常出軌，希拉嫉妒之下常會做出激烈的反擊；手足之間常會比較父母對誰比較好，認為父母不公平，嫉妒其他手足總是比自己得到的更多……面對嫉妒的情緒，有時候一味要自己放寬心，彷彿也無法說服自己。我們或許會在試著放鬆的下一秒，看見對方擁有自己缺乏的，感受對方比自己優秀時，又會陷入難以自拔的嫉妒情緒。

「我每次都勸自己想開一點，但是看到身旁的人都成家了，就連美蘭長得不是很漂亮，家事也沒我做得好都結婚生子了！我就更難受。我知道不應該這樣想，但那天美蘭只是問我：妳男朋友什麼時候跟你結婚啊？我就受不了了，然後回說：『不見得結婚是好的。妳看妳現在過得像是黃臉婆一樣。』後來美蘭表情變得超尷尬，然後就說要走了。」小薰說完後，表現出懊悔的樣子。

看著小薰自責的表情，我想她勢必在心中譴責了自己好幾百回：「其實小薰很盡力地調整自己的狀態，因為是親近的朋友，所以更在意自己說出口的話。想要結婚沒什麼不好，只是剛好這是小薰很在意的點，結婚的壓力大於小薰目前能夠負荷的，就會變得更敏感，或許小薰也在對美蘭發送求救信號：妳對自己的不滿意已經多到自己無法消化。」

嫉妒，是因為我們在他人身上看見自己缺乏的、不足的、渴望擁有的。任何人看見自己的不足，難免會灰心沮喪，這是身為人的正常反應。嫉妒彷彿不斷反

應我們的弱點，但嫉妒裡也藏有珍貴的價值。只是人都比較習慣聚焦在自己的缺乏，很難立即看到嫉妒的意義。嫉妒是人類都會經歷的情緒，其實嫉妒也在提醒著每個存有：你我都是人，每個人都有自己的優點與弱點。可是當我們用自己的弱點與對方競爭時，其實就將自己放在一個錯誤的比較點上，也是對自己最大的酷刑。若我們又排斥嫉妒的自己，只會將自己推得更遙遠。嫉妒或許是一個來自未來的自己，希望藉由承認我們對自己的不滿，提醒自己不要再重複某些無效的行為或生活模式。

　　承認吧，有些事情我們沒辦法做到，而我們能夠坦誠面對自己就值得給自己鼓鼓掌。面對不足，我們可以檢視哪些是自己可以改進、哪些其實隱藏了不切實際的目標、哪些就是我們的限制。試著在每次看見自己缺乏時，學習溫柔的對待自己，看看自己所擁有的，或許會看見生命其他不同的可能性。嫉妒除了讓我們經驗生氣、不滿、無助、厭惡、羞愧等情緒，嫉妒也是一個學習向自己坦承弱點，是一個重新和自我連結，是一種學習對自我仁慈的呼喊。

　　小薰結束諮商後決定回去跟美蘭好好處理關係：「那天我跟美蘭道歉，跟她說我不應該講如此狠毒的話，我跟美蘭分享最近的狀態，後來我們就聊開了。美蘭好像也變羨慕我跟男友現在的相處方式，沒有婚姻的束縛，可以過自己的生活。」當我們嫉妒他人所擁有的時候，或許在我們身上也有他人想要的。而小薰坦誠面對自我的歷程，除了讓小薰跟美蘭更靠近外，也讓小薰更貼近自己。

　　嫉妒是人常見的心態：我們的職業不如友人優秀、我們的伴侶不如友人有才藝、我們的外貌平凡……我們承認自己有嫉妒的心，也常為嫉妒的心態感到羞恥。能夠承認這一切的感受，讓我們活得更像一個人。坦誠後，試著給自己一個新的選擇：學習對自己慈悲，慢慢地練習看見自己「有」什麼。

　　每個食材在烘焙中都「有」自己特殊的功能，雞蛋有膨脹的作用，糖有保濕、延緩老化等效果，麵粉能夠支撐起成品的結構……但不曉得雞蛋是否會羨慕砂糖的晶瑩剔透、砂糖是否會羨慕麵粉的柔細。烘焙過程中，食材們都無法一枝獨秀，烘焙需要不同食材互相搭配，以變換出不同的產品。生活中有許多的食材都很適合運用在烘焙中，而麥片是其中常用來製作餅乾的食材。這次我使用的是小時候常吃的雀巢牌燕麥麥片。我覺得唯獨雀巢牌的麥片，能做出奶香氣十足的麥片餅乾，而外面裹著的麥片也提升了整體餅乾的脆度。不同食材在食譜中都有自己的角色與功能，同樣的，只要耐心陪伴自己，你我也能遇見自己參與這個世界的方式。

麥片餅乾

——

Nestum Cookies

SERVES
5

OVEN

TIME
40 minutes

DIFFICULTY
4/10

MATERIAL 材料

1. 無鹽奶油 *100g*（室溫軟化）

2. 糖粉 *50g*

3. 香草精 *1/4* 茶匙

4. 麥片 *50g*

5. 中筋麵粉 *60g*

6. 玉米粉 *30g*

7. 奶粉 *10g*

8. 泡打粉 *1/4* 茶匙

9. 蘇打粉 *1/8* 茶匙

10. 鹽 *1/2* 茶匙

STEP 步驟

· 前置作業

1. 預熱烤箱。

2. 無鹽奶油提前回溫至軟化備用。

3. 將中筋麵粉、玉米粉、奶粉、泡打粉、蘇打粉過篩。

4. 在烤盤鋪上烘焙紙。

57

· 麥片餅乾製作

將室溫放軟的無鹽奶油與糖粉打發至乳白狀。

加入香草精和麥片，並攪拌均勻。

將過篩後的中筋麵粉、玉米粉、奶粉、泡打粉、蘇打粉，與鹽一起攪拌均勻。

搓揉成比 10 元硬幣大一點的形狀，沾上麥片，放在烘焙紙上，用手掌心稍輕壓。

放入預熱好的烤箱，以上下火 160 度，烘烤 20 分鐘後即可享用。

TIPS

6 此食譜使用的是雀巢牌麥片，也可使用一般麥片，味道口感稍不一樣。

8 此配方大約可以做 23 個左右。

認清父母可以不完美，學習長大成人的過程：
酒漬櫻桃巧克力塔

—

「爸媽總是希望我回去，但我就已經很清楚跟他們說明為何我想留在這裡啊！很可笑的是，我爸會拿許多莫名其妙的歪理來跟我說什麼，誰誰誰的孩子當時留在台北發展，但辛苦了好幾年什麼都沒有，可回去不到一年就買了房子、車子等。我留下來又不是為了買房子。我爸他們根本什麼都不懂！」爾齊生氣卻有點無奈地敘述著。

爾齊父母一直很希望爾齊能夠返鄉發展，跟父母團聚。即便爾齊很清楚的跟父母說清楚自己留在台北發展的想法，母親仍然三不五時地傳各種訊息給爾齊。母親曾循循善誘地勸說、貼上各種文章、各種親朋好友的親身經歷，到對爾齊不愛家人的指控，甚至以自身生命作為威脅的手法，只為了說服爾齊返鄉發展。親子之間也常因此而鬧得不愉快。爾齊跟母親講完電話後都無法好好入睡，情緒常常焦躁不安。

「這個禮拜我媽也很扯，我回去跟我媽慶祝生日，幫她精心安排了晚餐，準備蛋糕等，但她吃飯的時候都一副臭臉，最後送她禮物的時候竟然說『你以為做這一切就是愛家人嗎？』天啊，她說這什麼話！」爾齊嘆了一口氣，非常無奈地看著我。

「你細心的準備這一切，卻被媽媽質疑，感覺蠻委屈的。最近媽媽又一直催你返鄉發展，我想你這個週末心情應該很不好受。」我同理爾齊的心情後，爾齊接著說：「真的很煩！我都解釋這麼多次了，他們仍然聽不懂我想要的。我每次都好好的跟他們說，分析我留在這裡的想法。可是這對他們來說好像不重要。我真的不知道要怎麼解決這問題。」爾齊無奈地看著我。

我好奇爾齊「解決問題」的意思：「你覺得這件事情，你跟爸爸媽媽們做了什麼會讓問題解決掉？」爾齊想了一想回答：「其實我也不知道，或許解決不了。畢竟我也不能強迫他們接受我的想法。但他們也不能勉強我回去啊！」

「聽起來好像是爸媽若能理解，甚至支持爾齊的想法，事情就可以解決掉。」我回應後，爾齊看著我說：「對啊，但他們現在根本沒有想要聽我解釋的意思，我也無法接受的是他們毫無邏輯的論述！」

「爾齊在經歷長大的過程。」我回應爾齊後，爾齊一臉好奇地看著我。

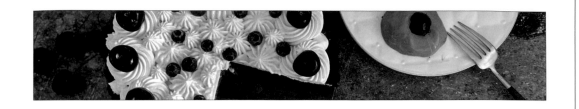

　　我接續說：「爾齊很努力地想要讓父母能夠瞭解自己，但對於他們的無法瞭解，爾齊很難接受。爾齊對父母似乎抱持著一個期待，期待父母都可以瞭解我們的每個決定，尊重且能夠認同。讓爾齊更衝擊的是發現小時候非常景仰的父母，他們的思維與爾齊很不一樣，甚至比爾齊想像得幼稚、不成熟、荒謬。我們心中理想父母的形象彷彿幻滅了。」

　　爾齊「嗯」的一聲，彷彿在沉思，我繼續說：「而長大的歷程是能夠允許這種失落情緒，接受父母會讓我們失望。」

　　從小我們依附著父母，相信父母所相信的，尚未獨立的我們，爸媽對我們而言彷彿我們的全世界。當我們離家，接觸家以外的世界，我們同時也接觸了許多父母未必經歷過的人事物，累積了自己的經驗，也慢慢形塑了理解世界的一套方式與思維。但我們常常忘了自己長大了，我們跟父母很像，卻也很不一樣。面對父母的我們仍舊像孩子般，期待父母能夠理解與認同自己所有的決定與想法。當我們仍舊用孩童的心態面對不被理解、不被接納的溝通，我們仍舊會失望。

　　後續的諮商，我與爾齊聊了許多與父母的溝通模式，以及爾齊的內在自我狀態。當爾齊認識到父母內在也有一個小孩，一個早年沒有被好好回應的孩子，父母有時候其實也只是未長大的小孩。爾齊彷彿更能真實地體驗到：「父母其實也是人，也有他們的不完美，也有他們的需要與脆弱。」

　　認清父母可以不完美、父母可以不理想，認清我們其實可以將照顧自己的責任回到自己身上，那是我們慢慢學習長大成人的過程。學習調整與父母溝通的成長過程，不可能沒有情緒。畢竟對父母的期待，並不會因著理解他們的狀態而消失。我們內心會產生什麼情緒，我們無法控制，但我們要帶著什麼樣的感覺去面對父母，面對自己的成長，卻是我們的責任。

　　與爾齊諮商的過程，讓我更深刻省思：什麼是長大？有人說長大就可以喝酒，但會喝酒的人不一定已長大。只是法規限制未成年不能喝酒，喝酒彷彿就變成了長大的象徵。為了紀念爾齊帶給我的「成長」反思，我製作了一款酒氣十足的酒漬櫻桃巧克力塔。我使用的酒漬櫻桃在蘭姆酒裡浸泡了一個月以上，加入巧克力後，搭配脆脆的巧克力塔皮，嘴巴裡化開滿滿的酒香氣，是長大的滋味無誤。正在學習長大成人的你我，面對這一條不容易的成長過程，讓我們的舌尖先體驗一下大人的世界。

酒漬櫻桃巧克力塔

—

Brandied Cherries and Chocolate Tart

SERVES
8

OVEN AND
FRIDGE

TIME
overnight

DIFFICULTY
7/10

MATERIAL 材料

· 酒漬櫻桃

1. 櫻桃 1 盒 200g（含籽）

2. 白蘭地或蘭姆酒 75ml

3. 黃糖 15g

4. 綠檸檬半顆（取皮）

· 巧克力塔皮

5. 無鹽奶油 50g（室溫軟化）

6. 糖粉 30g

7. 全蛋 30g

8. 低筋麵粉 90g

9. 可可粉 15g

· 巧克力內餡

10. 動物性鮮奶油 a 125g

11. 蜂蜜 15ml

12. 苦甜巧克力 180g（切碎）

13. 奶油 75g

· 鮮奶油抹醬

14. 動物性鮮奶油 b 100g

15. 糖粉 10g

16. 烈酒 10ml

STEP 步驟

· 前置作業

1. 預熱烤箱。

2. 無鹽奶油提前回溫至軟化備用。

3. 將綠檸檬洗淨，去皮。

4. 將低筋麵粉、可可粉過篩。

5. 將苦甜巧克力切碎。

6. 準備 6 寸圓形塔模。

61

· 酒漬櫻桃製作

7

櫻桃切半去籽後，放入白蘭地或蘭姆酒、黃糖以及綠檸檬皮一起煮滾。煮滾後再煮個2分鐘左右熄火。讓櫻桃浸泡酒約1天或越久越好。

· 巧克力塔皮製作

8

將室溫軟化後的無鹽奶油與糖粉a打發至乳白狀，加入全蛋攪拌。

9

將過篩後的低筋麵粉、可可粉加入步驟8中，攪拌均勻即可。

10

將麵團比照6寸塔模擀成四方形的麵團，用保鮮膜包覆住後，放入冰箱冷藏1個小時或1個晚上。

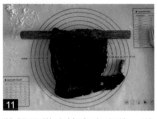

11

將麵團從冰箱拿出來後，將麵團擀成5mm高，用擀麵棍將麵團捲起來後，放在塔模最尾端，慢慢用擀麵棍將麵團放平在塔模上。

12

塔上戳幾個洞，放一層烘焙紙後，再放適量的壓派石。放入預熱上下火180度的烤箱，烘烤20分鐘。

· 巧克力內餡製作

13

將動物性鮮奶油a與蜂蜜煮至冒泡後，關火。分3次加入切碎的苦甜巧克力攪拌。待巧克力涼後（約40度左右），再加入奶油攪拌均勻。

· 鮮奶油抹醬製作

14

將動物性鮮奶油b加入糖粉b及喜歡的烈酒，打發至在打蛋器上呈明顯尖端，固態狀，紋路不會消失。

· 組裝及裝飾

15

將酒漬的櫻桃鋪在烤好的巧克力派皮上，再倒入巧克力餡料，放入冰箱冷藏。

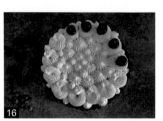

16

在冷藏好的塔上，擠上不同的花紋，擺上櫻桃裝飾，放入冰箱冷藏1個小時即可享用。

TIPS

可依個人的喜好裝飾，例如：擺上藍莓。

追求完美但不著重完美：
辣味起司玉米片餅乾

—

在一場談完美主義的演講中，我問聽眾（大部分可能是完美主義者）完美主義者最討厭聽到的話，有人說：「你很龜毛耶！」、「你可以不要那麼要求完美嗎？」、「你處女座的嗎？」（抱歉，我就是處女座的⋯⋯。）

完美主義很容易被冠上挑剔、機車、難搞的形象，許多研究也指出完美主義者容易出現憂鬱、焦慮、拖延、強迫等的問題。完美主義者對自己龜毛的個性有時候也是挺煩躁無奈的。

完美主義者常常能夠很快發現問題、挑出毛病，在別人還沒有察覺到問題前，完美主義者或許就已經開始思考如何解決和處理了。完美主義者也很容易放大自己的錯誤，甚至恐嚇自己：「我剛報告的時候應該要提那個的啊！」、「剛主管沒什麼表情，是不是我講得不好？」、「完蛋了⋯⋯」、「萬一⋯⋯」完美主義者自我檢討的同時，若又被他人指出掌控之外的錯誤、發現自己在意的弱點，自我形象像是瞬間洩了氣的氣球，看著別人的氣球飛得好高好遠，遠得遙不可及，自己的氣球卻破爛不堪，真的好漏氣。當下自己像是全世界差勁的人，甚至所有過去挫折的經驗都一一浮現，不斷咒罵自己「蠢斃了。」、「我白痴嗎？」、「我完蛋了。」消化犯錯、挫敗或不完美就好比牛吃草的反芻歷程，一次的自我反思並不足夠，完美主義者常來回好幾次反思自己的錯誤，不斷吞下自我挫敗的字眼。

完美主義，真的那麼糟糕嗎？承認吧，有時候完美主義讓我們把事情處理得蠻不錯的。若能夠做得更好，完美主義者不會讓自己妥協次等標準，而我們也蠻享受完美成果帶給自己的成就感的。但要忍耐及允許不完美的結局，對完美主義者而言是一個極大的練習。做不好或犯錯很容易勾起人們的羞愧感，對完美主義者來說，羞愧感像是吃了五百個便當般難以消化。因此為了避免經歷不舒服的羞愧感，我們盡力將事情做得盡善盡美。但我們也可以靜下來思考：羞愧感怎麼那麼可怕？

一位戲劇演員，茹比韋克斯[註1]（Ruby Wax）如此形容羞愧感：從前部落就是一切，我們所做的事情對整個部落而言是具有影響力的。羞愧感讓我們反思自己可以如何做以利部落的運作，那是為群體利益著想的健康羞愧感。若是這樣，我進一步的推演是：蠻有可能我們的祖先遇到的頭目都非宅心仁厚型的，祖

先們曾經歷因表現不好而被嫌棄和拋棄，甚至曾孤單一人在森林裡被大熊襲擊咬死，如此的經驗變成我們的集體潛意識。每當我們感到羞愧時，大腦就會響起警鈴：「我做不好，別人就不要我了。」那實在是一件很威脅生存本能，很讓人焦慮的一件事啊！

羞愧感籠罩真的是很不舒服，但是為了避免經歷羞愧感，不斷要求自己、強迫自己一定要達到標準，且不斷聚焦在自己的犯錯或不完美時，也讓自己很辛苦。但我們要因此而斥責完美主義嗎？

追求完美但不著重完美，學習和自己好好合作！首先接納自己就是會在意、接納自己就是會要求，這個在意有些時候也幫助我們不少。追求完美可以是一股追求美好事情的動力。但我們也需要認識完美主義小姐出現時，她會如何影響我們的情緒與狀態。我們可以透過寫日記的方式寫下完美主義如何對待自己：什麼時候我們比較容易跑出「應該」、「必須」的標準、我們會如何恐嚇自己等。接著我們跟完美主義小姐討論一下，是否有必要且能負荷所訂下的標準？除此之外，我們也需要不帶批評地列出自己在意的弱點。我們可以寫出任何愚蠢的、驕傲的、善嫉妒的、黑暗的、醜陋等的自己，當我們越能將害怕面對的自己呈現在面前，我們就有機會去碰觸那失落的原始形象與真實的自己，再慢慢地用任何創意的方式，學習給如此的自己一個存在的空間。

學習和自己合作是一個漫長的過程，偶爾，甚至常常，我們還是會經歷極大的挫折與無力感。當心情難受得難以平復時，可以試試看做一些有技術性，讓五感有不一樣體驗的活動，來停止大腦不斷自我評論的反芻思考。若想不到可以做什麼，或許可以考慮製作在短時間內可以完成，但同時可以刺激味覺感官的辣味起司玉米片餅乾。讓自己聚焦在舌尖的辛辣感，跳脫受困的思維。辣椒雖辛辣，卻和起司融合得很好，能帶給破碎玉米片不一樣的風味。

註1：王如欣（譯）（2019）。人生好難，到底哪裡出問題：喜劇演員 x 藏傳僧侶 x 腦神經科學家如是說」（原作者：Ruby Wax）。台北市：究竟

辣味起司玉米片餅乾

Spicy and Cheesy Cornflakes Cookies

| SERVES 10 | OVEN | TIME 30 minutes | DIFFICULTY 4/10 |

MATERIAL 材料

1. 無鹽奶油 *170g*（室溫軟化）
2. 細砂糖 *100g*
3. 乳酪片 *60g*（切碎）
4. 泡打粉 *2* 茶匙
5. 蘇打粉 *1/4* 茶匙
6. 低筋麵粉 *250g*
7. 細紅辣椒粉 *4g*
8. 玉米片 *120g*（壓碎）

STEP 步驟

· 前置作業

1. 預熱烤箱。

2. 無鹽奶油提前回溫至軟化備用。

3. 將乳酪片切碎，備用。

4. 將泡打粉、蘇打粉、低筋麵粉、細紅辣椒粉過篩。

5. 將玉米片壓碎。

6. 在烤盤鋪上烘焙紙。

67

· 辣味起司玉米片製作

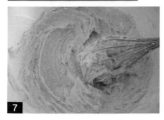

7

將室溫軟化後的無鹽奶油和細砂糖打發。

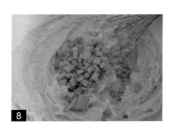

8

加入切碎的乳酪片，稍微攪拌一下。

9

加入過篩後的泡打粉、蘇打粉、低筋麵粉、細紅辣椒粉。

10

最後，加入壓碎的玉米片攪拌。

11

揉成直徑約 3 公分大小的圓狀，再輕輕壓一下。放入預熱好的烤箱， 以上下火 170 度，烘烤 16 分鐘後即可享用。

TIPS

9

此處使用的是卡宴辣椒粉（Cayenne pepper），可依個人需求選擇不同的辣椒粉。

放下給自己的期待：
印度酥油餅乾

——

　　關係連結是人的基本需求，我們從關係中認識自我、發展自我認同、形成我是誰的概念等。一段有足夠安全感的關係能夠讓我們放心地探索自我、探索這個世界與外在連結。為了獲得安全感的需求，嬰兒時期我們已開始學習按照別人的期待來表現，以獲得主要照顧者的青睞與回應。即便在兩到三歲的叛逆期階段，我們嘗試用「不」來認識自己的影響力，我們仍然無法常常成功拒絕父母的要求。我們可能還因為「不」而遭到可怕的結果。因此無論是否有辦法做到，我們盡力去做，獲得主要照顧者的回應，是兒時的我們獲得安全感的方式。

　　想像一個幼兒，學習從爬行動作慢慢站起來的那一刻，主要照顧者張開雙臂說：「來，慢慢來。」而我們真的往前一步，主要照顧者驚訝的眼神、嘴角咧開的笑容、敞開雙臂的擁抱，對幼兒的我們來說是多麼被增強的一件事啊。我們希望自己能做到主要照顧者口裡所說的事情時，那被肯定與接納的笑容，讓我們感覺自己是安全的。慢慢的，我們學習到做好主要照顧者要求的事，就能維繫這份能夠給予我們安全感的關係。日復一日，如此的生活運作模式變成我們的習慣，甚至成為我們的信念。即使我們長大了，我們仍不自覺地維繫著兒時獲得安全感的方式：盡力滿足不同的期待、好還要更好，或不行了仍然告訴自己要盡力。

　　早期的這種依賴模式，具有教育、養成習慣或一般學習的目的。可是，當我們過度依賴他人的肯定，我們越容易陷入因害怕失去關係而不斷強迫自己的恐懼中，甚至用錯誤的力氣去回應他人的期待。人不能總依賴他人的肯定而生活著。要脫離早期獲得安全感的方式，發展成不再依賴他人回饋的模式需要長期練習。其中，光是能夠看見我們為自己設下的數以萬計的期待，就不是一件容易卻很重要的事情。

　　「我希望自己能夠處理好別人交代的事情，不然很沒用。」

　　「別人問我問題時，我應該要能夠回答，而且回答完整。」

　　「跟別人聊天時，我應該要是話題王，句點別人會讓人家覺得我很無趣。」

　　「東西就是要整理乾淨啊，怎麼大家回到家後，都把東西隨意亂丟！都要我來收拾。」

　　「問題自己解決比較好，不要麻煩他人。」

　　「做好不是應該的嗎？連這個都沒弄好很丟臉耶！」

「我覺得我一直都沒有進步，跟我同期進來的同事已經負責比我多案子了，老闆是不是覺得我能力不好啊？」

以上是在諮商室裡或生活中聽見的心聲，有些也可能是我給自己的要求。我也曾期待自己可以寫出超有深度的內容、可以創作出一本驚天地泣鬼神的心理與烘焙界書籍、寫出厲害的甜點食譜、拍出美感十足的照片，好讓大家都覺得這個作者蠻猛的。我也曾擔心出版後沒有想像的理想，甚至會蒐集到各式各樣的負評、大家對文章嗤之以鼻的反應。那就像是赤裸裸的自己被公開後，眾人因我不夠好而唾棄我，我需要經歷自己真的是一個差勁人的恐懼。

當恐懼籠罩，我們變得更急，用了更多的力氣強迫自己要做好。我們不習慣安靜自己，好好釐清我們給了自己什麼樣的框架。我為何一定要是一個暢銷書籍，做的甜點都大師等級的作者？究竟我所做的是自己真正的「想要」、別人的期待，或只是社會環境認為的「應該」，變成我的「應該想要」。

我喜歡費登奎斯的一句話：「任何一件事，如果是以強迫的方式實行，即使有最好的意圖，也會產生相反的結果。」當我終究依賴他人的肯定來行事時，我也在無形中將自己推入強迫自我的深淵中，用盡力氣去達到自我期待，但那是小孩的態度。就算我們沒意識到，身體都知道。在講話變快的那一霎那、呼吸變急促的瞬間……身體其實都在發送溫柔的提醒：我們花了太多的力氣去回應外界的期待。若我們忽略身體發生的訊息，久了也會變成身體的傷。

要擺脫早期的依賴模式，總是會面對人生必須面對的焦慮、恐懼、孤獨等議題。唯有我們願意陪伴自己面對，給予自己一個空間去看見我們的不能，試著去看見我們加注在自己身上的期待，多一點看見我們的內在資源時，我們也比較能夠跟自己一起去承擔赤裸裸被鞭傷的畫面，理解有些事情其實不必花那麼多力氣進行。

身旁有許多人認為烘焙是一件非常耗時耗力的事情，從備料、製作、烘焙到清洗等，都需要耗費許多的力氣。或許先放下製作甜點的理想標準及自我期待，單單感受不同材料在手中搓揉的觸感，感受烘焙的樂趣。我們可以從簡單不費力的食譜開始，慢慢開拓與累積烘焙的正向經驗，其中印度酥油餅乾食譜是一個好選擇。只要將材料混合在一起，搓揉成圓形，就可以進烤箱了。如果你還有一些力氣，那就待印度酥油餅乾出爐後，幫每一粒沾上奶粉。無須拘泥餅乾是否驚豔，學習用適當的力氣享受烘焙過程，這樣就很足夠了。

印度酥油餅乾

—

Ghee Cookies

SERVES	OVEN	TIME	DIFFICULTY
6		30 minutes	3/10

MATERIAL 材料

1. 中筋麵粉 *140g*
2. 樹薯粉 *120g*
3. 糖粉 *120g*
4. 無水奶油 *150g*
5. 蛋黃 *1* 顆
6. 奶粉適量

STEP 步驟

· 前置作業

1. 預熱烤箱。

2. 將中筋麵粉、樹薯粉過篩。

3. 在烤盤鋪上烘焙紙。

· 印度酥油餅乾製作

 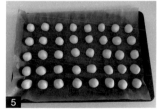 

將過篩後的中筋麵粉、樹薯粉與糖粉、無水奶油、蛋黃攪拌成團。

搓揉成 10 元硬幣的大小，放入預熱好的烤箱，以上下火 160 度，烘烤 20 分鐘。

出爐後，待涼一點，為每一粒印度酥油餅乾沾上奶粉，即可享用。

73

真正的我們像鑽石般尊貴不朽：
鑽石餅乾

——

每年夏天，我都會參與某盈利組織主辦的兒童夏令營，負責活動的籌劃與帶領。記得某一年的夏令營，營隊的其中一個活動是帶著孩子上街尋訪路人。訪談的內容為了解路人兒時的挫折經驗，以及如何面對挫折。

在我帶的小隊裡，有一位小六的女生芊芊，一開始非常積極地接觸路人，很有勇氣地跟陌生人自我介紹，利用活動教具訪談路人兒時的挫折經驗。

我們接觸的第一個路人是正在與朋友下棋的老先生。芊芊很大方的自我介紹後，問老先生：「請問您小時候有曾經遇到板子上哪些比較挫折的經驗嗎？」

老先生看著芊芊，一臉疑惑地說：「挫折？我不知道耶，那都很久以前的事了。」老先生笑笑著說，一邊揮揮手，示意坐在一旁的老朋友回答。老朋友看了一下芊芊，就低頭看棋盤：「那都過去了，我也不知道耶，妳去問別人吧！」

當我想進一步詢問時，老先生很客氣地笑著搖搖頭，揮揮手表示不想再繼續訪談。我和芊芊及其他孩子們只好摸摸鼻子，離開現場再找其他路人訪問去。

沒想到一路上，芊芊的訪談都不怎麼順利，頻頻受到路人的拒絕：

「那沒什麼啦！都過去了。」

「我忘了耶，以前也沒什麼事啊，都這樣走過來了。」

「我不知道，你問別人。」

芊芊接二連三受到他人拒絕後，開始低著頭走路，腳步變得沉重，不再像一開始積極有衝勁。觀察到異樣的我，近前關心芊芊：「芊芊，我看到妳好像悶悶的，妳看起來有點不開心。」

芊芊低著頭沉默了一會兒，眼眶開始泛紅。

「我看到芊芊很積極地找路人訪談，但訪談好像不怎麼順利，芊芊是因為這件事感到不開心？」我試圖了解芊芊的心情時，芊芊很小聲地說：「可能是我講得不好。」

我看情況不對，怎麼一個訪談的活動讓孩子開始懷疑自我。一直以來，夏令營活動的目標不在於完成活動，營隊團隊更重視的是我們與孩子的關係，以及孩子的心理需求。因此我請隊伍停下腳步，將大家聚集在一個騎樓下，與孩子們討論訪談的情況。

「我看到大家很努力地訪問路人，但我也看到有很多人拒絕我們的訪談。我想我們需要暫停一下，老師想關心一下大家的心情。有人可以說說現在的感覺嗎？」孩子們開始七嘴八舌的分享，有些孩子不以為然，有些孩子開始分享自己挫折的情緒。

「好難喔，大家好像都不怎麼理我們。」

「不開心。」

「他們很討厭耶！都不理人。」

成員彼此分享後，我與團隊一方面心疼孩子，一方面也理解這或許是孩子必經的過程。為了避免孩子將被拒絕的因素過度歸因成個人的問題，我用了較為嚴肅的口吻提醒孩子：「路人確實有拒絕我們的權利，他們或許在忙、或許這些題目對他們來說太難了。但是大家要記得，他們拒絕的是我們的邀請，而非拒絕我們。」

當天活動結束，我額外找了時間跟芊芊聊聊她生活中的挫折經驗。芊芊的父母要求較嚴格，芊芊在日常生活中常感覺自己做不好，也很容易記住別人的評語，如：不夠細心、不如姐姐聰明等。太在意犯錯的芊芊，很習慣性的認為犯錯都是自己的問題，常常不知不覺就落入自我懷疑的陷阱中。

我想我們都曾經歷芊芊的自我懷疑過程，那或許也是尋找自我必經的階段。記得曾經看過一本書，書名叫：《不朽的鑽石（Immortal Diamond》其中提到每個人的內在有兩種我：假我與真我。在人生的初期，我們對自己有理想的期待，透過不斷追求成功成就來建立自我形象，作者定義這樣的我為「假我」。然而一味追求外在的回饋，終究會讓我們失望，假我無法定義真正的自己。當我們開始探索生命的意義與價值，開始經歷假我的死去，就有機會進入探索真我的階段。作者將真我比喻成不朽的鑽石，那是埋藏在我們生命中永垂不朽的寶藏。

鑽石的比喻很美麗。我也想跟芊芊及常感到自我懷疑的朋友說，內在的我們像是鑽石般的尊貴。成長的過程或許會經歷許多挫折、自我懷疑的階段，但那是尋找真我的必經過程。當我們慢慢捨棄掉對自我過度理想的期待，我們就能夠慢慢體驗何謂自在的與自己在一起。直到我們深刻體驗沒有任何人事物，可以輕易否定掉自己的存在時，我們離真我就更靠近了。

Sablé 法式餅乾翻譯成中文是「鑽石餅乾」。鑽石餅乾外層裹上砂糖，閃閃發亮的真的好像鑽石。當我們不小心自我懷疑時，或許可以幫自己動動手，做這款鑽石餅乾，用力地提醒自己：內在的我們其實像鑽石般，尊貴不朽。

鑽石餅乾

——

Diamond Sablé

SERVES
5

OVEN

TIME
5 hours

DIFFICULTY
5/10

MATERIAL 材料

1. 有鹽奶油 *115g*（室溫軟化）

2. 細砂糖 *90g*

3. 全蛋 *50g*（約 *1* 顆）

4. 杏仁粉 *20g*

5. 起司粉 *50g*

6. 低筋麵粉 *245g*

7. 白砂糖適量

STEP 步驟

· 前置作業

1. 預熱烤箱。

2. 有鹽奶油提前回溫至軟化備用。

3. 將細砂糖打成糖粉。

4. 將杏仁粉、起司粉、低筋麵粉過篩。

5. 在烤盤鋪上烘焙紙。

· 鑽石餅乾製作

6
將室溫軟化後的有鹽奶油與細砂糖一起打發至乳白色。

7
加入全蛋一起攪拌至乳化。

8
加入過篩後的杏仁粉、起司粉、低筋麵粉，攪拌均勻。

9
擀成圓柱體狀，用保鮮膜包覆住後，放入冰箱冷藏 3～4 個小時。

10
從冰箱取出後，沾上白砂糖，切成每片約 1cm 大小。

11
放入預熱好的烤箱後，以上火 160 度、下火 150 度，烘烤 25 分鐘後即可享用。

壓力提醒我們需要的是愛與連結：
焦糖無花果磅蛋糕

——

　　我喜歡焦糖的香氣。煮焦糖時，要避免火候太大燒焦外，看著滾燙的焦糖，身體似乎也會變得特別緊繃，提醒自己需要小心翼翼處理，避免被燙傷。人碰到有危險的事情，大腦會自動啟動警報系統，提醒自己注意。就像是在森林裡，看著猛獸出沒，大腦就會啟動一連串的壓力反應系統。自然的恐懼是生存本能的一環，可是當恐懼被過度放大時，我們就會感受到壓力、焦躁不安與焦慮。

　　「去年公司身體檢查，醫生說我自律神經失調，提醒我一定要就醫。當時我想應該沒什麼，但最近我的情況越來越糟，我真的覺得很痛苦。」小芬因工作上的壓力來諮商。小芬一直以來睡眠都不好，即使被診斷為自律神經失調，小芬也沒有太正視自己的情況。直到最近，小芬不止身體上感覺不舒服，連上班的動力也大大被影響。上班時，小芬會莫名感到呼吸困難，與人群接觸時，常因不曉得要跟他人說什麼而感到身體緊繃，手心冒汗，久了甚至會心悸暈眩。

　　「我每天上班起來都好痛苦，工作時很難專注，常常出錯。每天下班後還在處理公司的事，很擔心事情處理不完又要堆積到隔天，我好怕被主管發現自己的效能很低。」小芬說話急促，肩膀明顯較為僵硬。

　　「人會害怕是好的，若不會害怕，我們無法知道外界發生什麼事，這整個世界或許就會失序。小芬下班後還不斷想工作的事情，彷彿一整天讓自己處於有熊的森林裡，這身體當然會受不了啊！」我這麼一說後，小芬笑了一下。

　　我們每天都接受到無限多的刺激：烤箱的熱氣、老闆暴躁時的腳步聲、前伴侶的香水味……當我們偵測到這些刺激時，大腦就會開始辨識我們是否處於危機中，接著身體就會啟動一連串反應，以保護自己避免發生恐怖事件。但每天的刺激量爆多，身體總不能每天都重置一次，將每個刺激當作新鮮刺激來應對。因此身體也有一個更絕佳的功能，身體會記住我們遇到的刺激，讓我們下次可以更快速有效地解除相同危機。適當的壓力讓我們能夠幫助大腦運作，但長期讓自己暴露在有猛獸的森林裡，無法關閉掉壓力反應系統，身體的運作將大受影響。我們可能會混淆真正可怕的事情與不具傷害性的刺激、無法好好專注、想要吃更多油炸高熱量甜點來囤積脂肪迎戰、內分泌失調，自體免疫系統也開始大亂……。

　　我看著小芬說：「小芬從去年被診斷為自律神經失調，至今仍然讓自己穩定

上班已經很不容易了。只是小芬下班後，忘了給自己一個與工作無關的空間，提醒自己可以放鬆一下了。」

「我先生也常叫我下班後不要管工作的事。但下班後，有時候會忍不住想未處理完的工作。每當我壓力大時，先生會給我很多意見，教我怎麼處理工作的事。只是有時候他越給我建議，我越覺得壓力大。前幾天他在跟我說該怎麼做時，我就哭了。我不知道我怎麼了。」小芬說著說著，就落淚了。

「好像旁人給予越多的方法，彷彿也在提醒小芬的不足，哪裡做得不夠好，讓小芬有更深層的無力感。小芬已經很盡力在處理事情了，但發現自己的無能真的讓人蠻恐懼的。」

腦下垂體是參與壓力反應系統中的主角之一，腦下垂體會分泌不同激素，催產素是其中一種。催產素會促進人與人之間的親密感，有助於緩衝壓力反應，也有抗憂鬱的效果。若要釋放更多的催產素，可以透過愛與連結，透過被愛與關懷他人。生命真有趣，彷彿在告訴我們，當我壓力太大時，我們渴望的其實是愛與連結。

「若要讓自己在有猛獸的森林裡活下來，或許我們也需要感覺到自己的無能，認識自己的限制。若我們要求自己凡事都全能，恐懼、焦慮、憤怒、壓力就很容易伴隨而來。我們要嘛就被咬死，要嘛就把自己累死。」我和小芬會心一笑，我繼續說：「壓力中你我都一樣，我們有自己的軟弱，或許這也是為何我們需要群體，我們無法單打獨鬥。」

我們的身體從不吝嗇幫助我們感知外界發生的事。雖說有些感覺讓人不是很舒服，甚至會讓我們深感壓力，但這些感受也是來幫助我們辨識自己是否在危機中，或需要對外尋求協助了。就像是煮焦糖的過程，人若沒有生存危機感，或許就無法判斷焦糖是否太焦，讓自己燙傷也毫無感覺。同是身為人類，焦糖煮失敗，我們都會有可惜和挫敗的感覺，但如果有人有煮焦糖的秘訣，歡迎一起分享煮焦糖的不敗招數。在煮焦糖的過程中，我通常會順時鐘搖晃鍋子，讓砂糖平均受熱。我一直想要一款焦糖味濃郁的磅蛋糕食譜。嘗試了幾次後，終於製作出我想要的風味。這款高糖高熱量的焦糖無花果磅蛋糕，正是壓力大的時候最需要的甜點啊！

焦糖無花果磅蛋糕

———

Caramel and Fig Pound Cake

SERVES	OVEN	TIME	DIFFICULTY
6		1.5 hours	6/10

MATERIAL 材料

· 蛋糕體

1. 無鹽奶油 *a* 120g（室溫軟化）

2. 細砂糖 *a* 90g

3. 全蛋 2 顆

4. 中筋麵粉 100g

5. 杏仁粉 20g

6. 泡打粉 2g

7. 無花果乾 160g（切丁）

8. 蘭姆酒適量（可省略）

· 焦糖抹醬

9. 細砂糖 *b* 100g

10. 水 2 湯匙

11. 動物性鮮奶油 *a* 60g

12. 無鹽奶油 *b* 45g

13. 海鹽 1/2 茶匙

· 裝飾

14. 動物性鮮奶油 *b* 200g

15. 細砂糖 *c* 20g

16. 可可巴芮適量（切碎）

STEP 步驟

· 前置作業

1. 預熱烤箱。

2. 無鹽奶油 *a* 提前回溫至軟化備用。

3. 無花果乾切丁後，泡蘭姆酒 1 個晚上或以上，蘭姆酒須蓋過無花果丁。

4. 將中筋麵粉、杏仁粉、泡打粉過篩。

5. 準備 6.5*5*4cm 的杯子蛋糕紙模。

TIPS

❸ 若想酒味更濃厚可浸泡蘭姆酒，若不喜酒味者，則該步驟可省略，直接製作。

85

· 蛋糕體製作

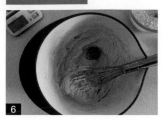

6 將室溫軟化後的無鹽奶油 a 和細砂糖 a 打發後,加入全蛋打至乳化。

7 加入過篩後的中筋麵粉、杏仁粉、泡打粉,攪拌均勻。

8 將攪拌均勻的麵糊盛入杯子蛋糕的模型中,盛一半後,加入泡過蘭姆酒的無花果乾數個,再倒入一點麵糊蓋過無花果乾。

· 焦糖抹醬製作

9 放入預熱好的烤箱,以上下火 180 度,烘烤 25 分鐘至熟透為止。

10 烘烤過程中製作焦糖抹醬。細砂糖 b 加入 2 湯匙的水,放在火爐上煮至焦化後,關火。慢慢加入動物性鮮奶油 a,待焦糖溫度降低到 40 度左右,加入無鹽奶油 b 與海鹽攪拌均勻。

11 待焦糖整體都涼透後,用攪拌器打發焦糖醬。

· 組裝及裝飾

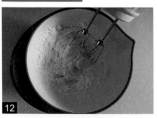

12 打發焦糖後,將動物性鮮奶油 b 加細砂糖 c 一起打發。夏天打發動物性鮮奶油,須確保容器也冰鎮過會比較好打發喔!

13 蛋糕涼透後,在杯子蛋糕上抹上一層焦糖抹醬。

14 用喜歡的花嘴,擠上鮮奶油,灑上一些可可巴芮小碎片裝飾即可享用。

TIPS

14
吃不完可以放冰箱,要吃的時候稍退冰半個小時口感會較佳。

恐懼裡正確看見自己的限度，自我接納就不再是膚淺的口號：
胡蘿蔔蛋糕

　　每個人都有自己害怕的東西，有人怕會飛的蟑螂、有人害怕深夜裡看恐怖電影。每個人害怕的食物也都不一樣。有人不敢吃香菜、有人不愛肥豬肉、有人討厭胡椒粉的氣味……或害怕胡蘿蔔的草味。面對自己討厭或不敢吃的食物，我們可以很輕易在生活中避免與它們接觸，如在點羹湯時請老闆不要加香菜、買漢堡時請服務員備註不加洋蔥……但要面對自我缺乏的害怕與不安，卻不是一件容易的事。

　　「我很怕考不上第一志願。」

　　「我怕明天開會報告時被問問題不會回答。」

　　「當別人跟我說我盡力了，其實我並沒有很好受，彷彿我最努力也只能這樣。」

　　「我覺得自己一直停留在原地，再努力也改變不了什麼，這種感覺很糟。」

　　「我不喜歡自己，甚至討厭自己的身體，覺得自己做什麼都很爛。」

　　除了在諮商室聽見這些聲音，平日生活中我們也會聽到身旁人如此說，甚至連自己也會有類似的想法。在這個充滿資訊的時代，我們蒐集了許許多多要如何過好生活的資訊，如何活得健康、活得有價值，我們努力地讓自己活得正確，讓自己朝美好人生邁進。這一切從我們嬰兒時期就開始預備好面對了。

　　當我們還是嬰兒時，我們透過動作表徵，如主要照顧者的回饋，來感受自己哪些行為是會被吸引、被回應、被喜歡等。隨著認知能力的發展，我們表徵的能力變得越來越精緻。舉例而言，兩三歲時，我們對貓的表徵或許只有四隻腳的圖像跟喵喵叫的聲音。漸漸地，我們還會用文字記憶貓的表徵，如：貓－尾巴－澎澎－兇，代表的是貓的尾巴變得澎澎是意味著貓咪不開心。這種表徵能力，幫助我們形成對外在事物的理解與概念，以利於我們正確與外界互動。我們理解貓咪什麼時候會兇，我們才不會在牠尾巴膨脹時，去親牠呢！

　　同樣的，隨著年齡的增長，我們對目標人生的表徵，也變得越來越龐大。從小時候的經驗考好成績會被讚賞、高中時期被告知好學歷可以找到好工作、到長大後閱讀的報章雜誌、瀏覽的社群媒體所接觸到的資訊，都讓我們不斷擴充目標人生的表徵。這些資訊一點一滴、一層一層的，堆疊成心中渴望的人生方向。如

阿德勒所說的，人類天生有股追求優越的動力，我們渴望追求更理想的人生，我們依循著這些表徵努力生活，努力實踐，希望轉換成對自我的表徵。若我們的人生能符合目標人生的表徵，我們對自己的人生也就更滿意。

　　但現實生活中，我們的期待與實際情況常有許多的落差。我們或許沒有辦法如願考上想要的學校、千辛萬苦準備的面試沒被錄取、嫁了一個愛斤斤計較的丈夫、生了一個身體不健康的寶寶……但也有另外一種情況是，我們蒐集的目標人生資料庫太龐大了，我們的追求彷彿沒有一個終點。無論是前者或後者，我們都很容易感覺到自己的缺乏。我們彷彿總是活在惶恐中，害怕自己少了些什麼，很容易感到自己的不足，內心深感恐懼。

　　人想要成為美好的動力，讓我們太習慣抓著心中的目標人生表徵來衡量自己的好壞。但或許，我們也可以放手一搏，看看自己到底有多差勁。面對無法符合內在準則的自己，我們無須急著標籤為「不夠好」，但可以定義為「有限度」，而每個人有自己的限度。限度讓我們理解什麼是自己可以與不可以的，是我們學習對自己坦然、對自己真誠的一種態度。正確看見自己的限度，不代表生命因此局限。限度反而是生命希望我們給自己一個空間，重新依循自己的狀態，修正與調整個人的目標人生表徵，讓我們更貼近生命真實的樣貌。如此我們才不會沉迷於自己的不可以，卻能在有限的空間裡發揮創意，活出驚喜、活出熱情、活出生命的張力。因能合適地看待自己的限度，我們反而能更深刻地表達對生命的愛，自我接納就不再是膚淺的口號。

　　人對自我的缺乏感到恐懼與不安，是人的本質，但此過程也可以視為一個不斷認識外界世界，不斷與真實自我相會的過程。當我們願意不斷體驗自己有多差勁，甚至放棄掉任何應有的表徵，我們就更能接觸到生命真實的樣貌。而現在具有的任何自我否定的感受，都是被允許的，那是我們渴望接觸到真實自我的必經之路。

　　除非有基因改造，否則胡蘿蔔仍然是胡蘿蔔，它無法改變自己天然的草味。對害怕胡蘿蔔草味的朋友，除了在沙拉中夾出一條又一條的胡蘿蔔，也可以給自己一個機會，製作胡蘿蔔蛋糕，與可怕的胡蘿蔔在蛋糕中相會。奇妙的是，胡蘿蔔融入蛋糕體後，不但沒有了草味，反而提升了蛋糕的甜。這款胡蘿蔔蛋糕不加任何的糖，利用胡蘿蔔、葡萄乾、杏仁粉、蜂蜜等原型食材製作，讓我們有機會吃到食材本身的甜味。害怕胡蘿蔔草味的朋友，可以試著透過胡蘿蔔蛋糕，重新認識它真實樣貌裡的甜度。學習胡蘿蔔般，在有限度的空間裡，淋漓盡致地發揮自我。

胡蘿蔔蛋糕

—

Carrot Cake

SERVES	OVEN AND FRIDGE	TIME	DIFFICULTY
5		*1.5 hours*	*6/10*

MATERIAL 材料

· 蛋糕體

1. 全蛋 *3* 顆
2. 蜂蜜 *a 75g*
3. 融化奶油 *30g*
4. 胡蘿蔔 *300g*（刨絲）
5. 葡萄乾 *85g*
6. 胡桃或核桃 *85g*（切碎）
7. 柳橙 *1* 顆（削柳橙皮屑）
8. 杏仁粉 *100g*
9. 中筋麵粉 *150g*
10. 蘇打粉 *3/4* 茶匙
11. 肉桂粉 *1* 大匙
12. 海鹽 *1/4* 茶匙

· 奶油乳酪抹醬

13. 奶油乳酪 *200g*（室溫軟化）
14. 無鹽奶油 *50g*（室溫軟化）
15. 蜂蜜 *b 50g*
16. 牛奶 *40 ～ 50g*
17. 核桃適量（切碎）

STEP 步驟

· 前置作業

1. 預熱烤箱。

2. 將胡蘿蔔洗淨，刨絲。

3. 用刨絲器刨出柳橙皮屑。

4. 將核桃切碎。

5. 奶油乳酪、無鹽奶油提前回溫至軟化備用。

6. 將杏仁粉、中筋麵粉、蘇打粉、肉桂粉過篩。

7. 將無鹽奶油隔水加熱至融化。

8. 在 *8* 寸的烤模鋪上烘焙紙。

91

· 蛋糕體製作

9

將全蛋和蜂蜜 a 打起泡，倒入融化奶油拌勻。

10

放入刨絲的胡蘿蔔、葡萄乾、切碎的核桃、以及柳橙皮屑拌勻。

11

倒入過篩後的杏仁粉、中筋麵粉、蘇打粉、肉桂粉，與海鹽攪拌均勻。

12

倒入 8 寸的烤模，放入預熱好的烤箱，以上下火 200 度，烘烤 35 分鐘。

· 奶油乳酪抹醬製作

13

將室溫軟化後的奶油乳酪、無鹽奶油、蜂蜜 b 用食物調理機攪拌均勻，視濃稠度加入適量的牛奶。

· 組裝

14

等蛋糕涼後，抹上奶油乳酪抹醬，灑上切碎的核桃，切片後即可享用。

TIPS

 13

也能使用攪拌器替代食物調理機。

14

也可以將蛋糕切片，要吃的時候再抹上奶油乳酪抹醬及核桃碎。

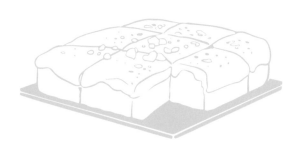

Chapter 3
活出有力量的生命——在愛中面對困境

P.96 若無法說不，請也不要輕易說好：鐵觀音荔枝乳酪塔

P.102 讓生命在即使微弱的光中前行：巧克力蜂蜜玉米片

P.108 安撫心情的味道：花生酥餅

P.112 在被扶持的軟弱裡感受愛：抹茶柚子奶酥蛋糕

P.118 犯錯，從阻攔自我成長的羞愧中釋放自我：蜂巢蛋糕

P.124 從成長的視野看待關係裡的等候：印尼黃金糕

P.130 生活留一些時間給自己，照顧自己的需要：玫瑰起司餅乾

P.136 設立關係界線，體驗與真實自我連結的內在自由：燕麥夾心餅乾

P.142 傾聽彼此的不同，視之為豐富自我的旅程：咖椰糯米糕

若無法說不，請也不要輕易說好：
鐵觀音荔枝乳酪塔

—

「當初我應該要留在美國的，可是家人都希望我回來，朋友也說若再不回來，依我的年齡就很難再找到像現在待遇的工作。」瘦弱的秀敏坐在沙發上，邊落淚邊敘述著對未來的害怕與不安，感覺自己不被家人朋友支持理解，內心深感委屈孤單。

「我每天下班都想著在美國的日子，懊悔自己當初為何不堅定一點，也很氣家人朋友們沒有聽我當時的想法，一直鼓吹我回來。我想再回去美國，但回去一切要重來，我其實也沒有什麼把握。我知道我不能怪罪別人，可我真的很氣……。」秀敏繼續訴說內心的感受與想法。

秀敏在家中排行老二，從小家裡互動氣氛緊張，父母常起爭執，手足之間的溝通也很激烈。秀敏小時候常在家中扮演協調者，幫爸媽之間傳話、負責安撫手足之間的情緒等。長大後，秀敏慢慢釐清每個人可以有表達自己的空間，但常常不自覺就落入過往的互動模式。關係裡常以他人的感受與想法為主，為了避免爭執，秀敏都會習慣性地對他人說「好」，可事後又會浮出委屈不被理解的感受。

「秀敏很氣他人不多聽自己的感受與想法，也很氣自己沒能好好保護自己的想要。」我反映秀敏的感受後，秀敏點點頭，接著說：「我知道沒有人在強迫自己，那些擔心意見不合的爭執大部分都是自己的害怕，害怕衝突、害怕別人不理我、害怕自己做不好……其實我更不喜歡的是自己不夠堅持，氣自己什麼都聽別人的。」

我繼續問：「當秀敏有自己的想法，而別人又不斷給予意見，秀敏有注意到自己是如何回應的嗎？」我想促進秀敏對自己附和他人行為的覺察。

秀敏想了一下：「每次當我還在整理要怎麼說時，別人就劈哩啪啦說了一堆，我就忘了自己原本想要的是什麼。」秀敏嘆了一口氣後：「然後我就會不自覺地說『好』。」

「秀敏其實也很想幫自己做一個好的決定，只是秀敏好像還不知道怎麼幫自己的後花園設立入園規則。」當我這麼一說時，秀敏用好奇的眼光看著我。

「我們每個人都有自己的後花園，但秀敏的花園少了一些入園規則。別人不知道秀敏的花園範圍，有人不請自來，也有人在未經允許之下，就自己搬動了花

園裡的植物，有人甚至將花園弄得亂七八糟的。」我嘗試用後花園的概念意象化人際之間的界線。每個人都有自己的感受與想法，那是我們的後花園，裡面有自己喜歡的植物，自己偏好的景觀設計風格等。藉由後花園的意象，我們探討了人際界線的議題，促使秀敏更細膩地覺察自己面對意見不合時的自動化反應。秀敏問：「那我要怎麼做，才能不讓別人輕易越過我的花園？」

「幫自己設立一些入園規則。」

別人可以給予我們很多的建議，但我們也有責任幫自己的後花園設立一些入園規則。後續幾次諮商，我與秀敏討論了許多如何讓人進入自己的花園、討論別人可以如何跟自己一起永續經營後花園的規則（即人際界線）。對長期害怕衝突的秀敏來說，要在關係中表明自己或拒絕他人確實不容易，但為了維護內在的小花園，秀敏幫自己設一些很不錯的小規則。記得秀敏當時第一個幫自己建立的規則是：若表達自己、堅持自己是困難的，至少在面對他人不一樣的建議時，可以在心裡努力提醒自己「若無法說不，當下也不要輕易說好。」

人際界線的設立就好像每次烤塔皮時，你需要在塔皮上戳洞，鋪上壓派石，這樣才不會讓塔皮在烘烤時膨脹、鼓起變形。適量的壓派石讓塔皮漂亮的膨脹，但過多的壓派石也會破壞塔皮的質地。同樣的，適當的關係界線能夠保護關係，保護自己；太多的界線也容易讓我們變得過度自我保護與僵化。設立人際界線是一門不容易的功課，卻也是一個我們學習如何愛自己、愛別人的重要功課。

烤塔皮對我來說，其實是一個蠻繁雜的過程。製作派皮的麵團後，需要先擀成適當厚度且符合塔模的大小，再放入冰箱冷藏。從冰箱拿出來，根據塔模整形後，再放入冰箱冷藏半小時才能烘烤，光是製作塔皮可能就耗掉了一天的時間。不過比起設立人際界線這門藝術，製作塔皮可能相較簡單。

而鐵觀音荔枝乳酪塔的後續步驟其實算是簡單的，且非常值得嘗試的。充滿老靈魂的鐵觀音，清爽的荔枝與巧克力碎搭配在一起，意外的合拍，口感與層次都非常豐富，甚至能撫慰口腔咀嚼的慾望。烤塔皮的過程雖繁雜，但成品讓人覺得一切都值得。

鐵觀音荔枝乳酪塔

——

Tie Guan Yin Tea and Lychee Cheese Tart

SERVES
8

OVEN AND
FRIDGE

TIME
overnight

DIFFICULTY
8/10

Tie Guan Yin Tea and Lychee Cheese Tart

MATERIAL 材料

· 塔皮（8寸）

1. 無鹽奶油 *180g*（切丁）

2. 細砂糖 *a 100g*

3. 杏仁粉 *40g*

4. 低筋麵粉 *300g*

5. 鹽 *3g*

6. 全蛋 *a 1* 顆

· 鐵觀音乳酪

7. 奶油乳酪 *150g*（室溫軟化）

8. 細砂糖 *b 60g*

9. 全蛋 *b 3* 顆

10. 鐵觀音粉 *10g*

11. 牛奶 *200g*

12. 動物性鮮奶油 *a 180g*

· 荔枝馬斯卡彭起司鮮奶油

13. 動物性鮮奶油 *b 150g*

14. 糖粉 *20g*

15. 馬斯卡彭起司 *150g*

16. 荔枝糖漿 *30g*

17. 荔枝肉 *100g*（切丁）

18. 巧克力適量（切碎）

STEP 步驟

· 前置作業

1. 預熱烤箱。

2. 奶油乳酪提前回溫至軟化備用。

3. 將荔枝肉切丁。

4. 將巧克力切碎。

5. 準備 8 寸的圓形塔模。

· 塔皮製作

6 將無鹽奶油切丁,加入細砂糖 a、杏仁粉、低筋麵粉、鹽,用食物調理機攪拌成沙狀,加入全蛋 a 快速攪拌均勻。

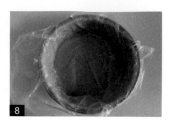

7 將麵團擀平 8 寸大的寬度,厚度約 5mm。剩下擀成邊寬約 18cm*45cm 大小,厚度約 5mm;用保鮮膜包覆起來後,放入冰箱冷藏至少 1 個小時或以上。

8 將冷藏好的塔皮麵團,依塔模大小整形,上面鋪上保鮮膜,再放入冰箱冷藏 30 分鐘。

9 將冷藏好的塔皮鋪上一層烘焙紙,再放上適量的壓派石,放入預熱好的烤箱,以上下火 190 度,烘烤 15 分鐘後,將壓派石取出,再烘烤 10～15 分鐘呈漂亮的黃色。

· 鐵觀音乳酪製作

10 將室溫放軟的奶油乳酪、細砂糖 b、全蛋 b、鐵觀音粉加入食物調理機中,攪拌均勻。

11 將牛奶與動物性鮮奶油 a 加熱至鍋邊冒泡泡,關火,慢慢加入打發好的奶油乳酪,邊倒邊攪拌均勻。

12 將鐵觀音乳酪倒入塔皮中,放入預熱好的烤箱,以上下火 160 度,烘烤 40～50 分鐘。

· 荔枝馬斯卡彭起司鮮奶油製作

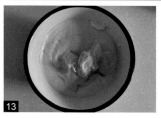

13 動物性鮮奶油 b 加糖粉稍打發後,加入馬斯卡彭起司繼續打發。

14 加入荔枝糖漿攪拌均勻,再加入切丁的荔枝肉攪拌。

· 組合

15 鋪在已放涼的鐵觀音乳酪塔上,再灑些切碎的巧克力即可享用。

TIPS

10 若沒有食物調理機,可將室溫奶油乳酪與細砂糖打發後,分次加入全蛋攪拌均勻。

讓生命在即使微弱的光中前行：
巧克力蜂蜜玉米片

—

「我很努力活著。」小丘在餐飲比賽的自傳上如此寫著。

與小丘初相遇，大概是在小丘三年級的時候。印象中，第一次與小丘相遇，小丘的言語不多，也甚少眼神的接觸。小丘當時在學校出現適應不良情況，班導師常跟家長反應小丘上課時會四處走動，有時候會作弄同學、用東西丟同學、把同學的東西藏起來等，學業表現不佳……。

「小丘爸媽已離異，媽媽不知道去哪裡了。爸爸有時候也常不在家。」帶小丘來的是爸爸的弟弟，小丘的叔叔。小丘出生的時候，曾住在加護病房一個月。六歲之前，主要由母親照顧，當小丘做錯事時，母親會用打罵的方式處理小丘。媽媽的情緒容易不穩，有時候會突然離家出走，家裡的伙食有一搭沒一搭的，爸媽吵架的時候，小丘就會帶著弟弟和妹妹躲起來。後來父母感情吵得越來越激烈，母親有一天突然離開家裡，許久都沒回去。家裡只剩下父親、小丘、小丘的弟弟。

每次小丘上課，小丘的言語都很少，常會緊張的在諮商室裡到處走動，在諮商室裡丟玩具、在沙發上爬上爬下，或把玩電燈的開關，甚少能進行一來一往的聊天或遊戲。小丘有時會緊張地弄壞任何手邊的物品，如：手中的玩具、在牆壁上留下刮痕、將抱枕邊跑出來的鬚鬚拉出來等，而每次反映小丘的行為時，小丘會邊傻笑，然後改換其他破壞性的行為。初期諮商，我有時也搞不懂小丘的意思，單從小丘的行為來看，真的很容易讓人感覺這個孩子很皮、過動、故意搗蛋、與大人對立……但慢慢瞭解小丘的成長經驗後，才知道他的混亂行為很多時候都在告訴我們，裡面的他是多麼的緊張、焦慮、惶恐與不安的。

記得某一次兒童夏令營，小丘在我這一隊。小丘參加活動已經夠緊張了，還得與許多不認識的同儕相處好幾天，焦慮指數幾乎爆表，而小丘一緊張就容易做出破壞性、混亂的行為。果不其然，小丘立馬因其模仿他人說話、亂笑、在臥室亂開關電燈等，成為小隊排擠的對象。三天兩夜的營隊，處理了無數次小丘的人際議題，小丘需要瞭解自己的行為對他人的影響，其他人也需要理解如何好好與小丘互動。然而，如此的人際問題並無法在短短的三天兩夜營隊中，獲得奇蹟式的改變。但小丘與小丘的家人仍然不放棄，繼續讓小丘每年參加諮商所的兒童夏令營、持續諮商、持續參加兒童人際團體……。

小丘升上國中後，遇到不錯的班導師，在學校的人際與校園適應較好，但學

業成就仍然偏低。即使小丘再努力，努力的程度跟成績從不成正比。小丘對學業不抱持任何希望，有越來越抗拒的傾向，嘴裡常說自己是笨蛋、白痴，認為自己做任何事情都會失敗。

有一次諮商，叔叔無意間提到小丘幼稚園就自己開始煮東西吃。「有時候他們的媽媽不在，小丘就會自己弄東西給弟弟吃，那時候他才幼稚園吧！」叔叔在一旁說的時候，小丘立即說：「這有什麼難的，就隨便煮一煮啊！」

我好奇問道：「你真的會煮？」

叔叔很快的回答：「會喔！他從小就會跟阿嬤一起去菜市場，有時候阿嬤叫他煮什麼煮什麼，他都會煮出來喔！」小丘聽了，在一旁傻笑，用衣服蓋著自己的頭，捲在沙發裡，表現出又緊張又竊喜的樣子。

「哇塞，沒想到你從小就會煮東西吃，而且這好像是你天生就會的耶！」我很驚訝的在一旁反應。當年父母突然鬧失蹤，為了不讓自己與弟弟挨餓，小丘學會自己煮飯。原來在平常常做的事中，隱藏了小丘的天賦，我彷彿看到了小丘接下來可以走的路。

下一次諮商，小丘帶了自己煎的雞蛋和雞塊給我品嚐，叔叔也很積極地幫小丘留意餐飲相關的體驗課程，給小丘許多探索的機會。

小丘接觸餐飲後，彷彿開啟了生命的一道窗，變得非常積極。我常聽說小丘常在家中練習做甜點、煮飯等。有時也會負責家人一天的餐點，從買菜、處理食材、製作到善後，都由小丘自己一個人包辦；或是製作不同的甜點，帶給學校的老師與同學，無形間拉近了小丘與同學之間的距離。

小丘經過一兩年的探索，越來越篤定要往餐飲界發展，家人也非常支持。進入餐飲相關的學校後，小丘在學校表現投入積極，會主動爭取不同參與活動的機會，擔任小組組長等。有一次，小丘爭取參加餐飲比賽的機會。報名比賽時，小丘在自傳上第一句寫道：「我很努力地活著！」

小丘真的很努力地活著，從出生時住在加護病房努力地撐過來、努力地撐過伙食有一搭沒一搭的童年、努力地撐過父母離異的失落、努力地撐過別人對自己焦慮緊張行為的誤解、努力地朝自己的餐飲夢想前進。小丘當年的混亂，背後有許多外人所看不到的故事，但也在小丘的努力下，生命找到了一個出口。

巧克力穀片餅乾是小丘第一次參加餐飲夏令營時學會，帶來跟我分享的甜點。這一路以來，見證小丘的生命力，也讓自己學習許多。小丘的巧克力穀片餅乾中的食材，讓我想起小時候愛吃的玉米片餅乾。兒時的玉米片餅乾沒有巧克力，但為了仿效小丘的點心，我在玉米片餅乾上加上一點巧克力與鹽之花，讓此小點心吃起來豐富些。巧克力蜂蜜玉米片的製作方式非常簡單，很適合親子一起製作。就用這款點心提醒自己學習小丘：不要怕，只要相信，讓生命在即使微弱的光中前行，生命自會回應我們。

巧克力蜂蜜玉米片

——

Chocolate Honey Joys

SERVES
4

FRIDGE

TIME
1 hours

DIFFICULTY
4/10

MATERIAL 材料

1. 無鹽奶油 *90g*

2. 細砂糖 *40g*

3. 蜂蜜 *1* 大匙

4. 無糖玉米片 *200g*（打碎）

5. 苦甜巧克力 *150 ～ 200g*

6. 鹽之花或海鹽些許

STEP 步驟

· 前置作業

1. 預熱烤箱。

2. 將玉米片以食物調理機打碎。

3. 準備一個瑪芬杯。

· 巧克力蜂蜜玉米片製作

無鹽奶油、細砂糖、蜂蜜煮至冒泡，全都融合在一起。

加入打碎的玉米片，並攪拌均勻。

放入偏好的模型中，以上下火 150 度的烤箱，烘烤 10 分鐘，放涼。

苦甜巧克力隔水加熱後，將巧克力鋪在已放涼的玉米片餅乾上。

灑上適量的鹽之花或海鹽，等巧克力硬了後即可享用。

TIPS

6
該步驟使用超小的瑪芬杯。

7
若對巧克力過敏，可不放巧克力，等餅乾涼了後直接吃。

安撫心情的味道：
花生酥餅

—

Kuih Makmur，花生酥餅，是一款我小時候常吃的甜點，也是馬來西亞的馬來人或華人新年時常用來招待客人的點心。使用無水奶油（或稱印度酥油）製作的花生酥餅，裡面包有花生碎粒，奶香味濃郁，入口即化，讓人常不知不覺的一口接著一口，可以吃下好幾顆。在廚房搓揉著花生酥餅時，聞著無水奶油的香氣，許多熟悉的感覺與記憶就會慢慢湧流而上。

大腦裡負責記憶的部位是海馬迴，海馬迴有一個鄰居叫杏仁核，協助處理和情緒相關的記憶經驗。想像夜深人靜時刻，你突然聞到一股味道，海馬迴很快將這個味道跟以前記憶作對比。假設過去的經驗裡，這股味道是你最愛的炸雞，大腦的警覺系統就不會持續升高；可是假設這股味道讓你想起某個狂風暴雨的夜晚，你專程要送炸雞給前男友，前男友卻在此刻跟自己提分手，杏仁核就會嗶嗶作響，警告炸雞會帶來可怕的分手事件，或許就會引發你不是那麼舒服的感覺，也不是那麼喜歡吃炸雞了。換句話說，杏仁核與海馬迴可以幫助我們從產生情緒的事件中，跟過去經驗作對比，讓我們評估目前是否處於緊急危機事件，或可以安心自處。

嗅覺可以很快激活杏仁核，喚起過去的記憶，把我們帶回過去的感覺。就好像離鄉背井，吃到家鄉食物的心情一樣。而如玉也在用她的廚藝，讓孩子留下好的陪伴回憶。

「我這次沒有對孩子多說什麼，就只是問他：要不要來一杯酪梨牛奶。」如玉，一位在家長團體的媽媽如是說。

家長團體的成員每次來上課，都會分享跟孩子的互動。成員們都在經歷不同的教養階段，大部分成員的孩子都有適應上的困難，有些正在經歷拒學的階段、有些正在陪伴孩子走過自學的歷程、有些孩子無法出門等。每個月一次的聚集，讓成員們在彼此的分享中，獲得支持與陪伴，以及走下去的力量。

如玉是漢生的媽媽，漢生今年高二，國中開始就拒學。一段時間沒去上學的漢生，最近才開始加入自學團體。拒學的那段日子，漢生與父母之間的關係非常緊繃，家人無法理解漢生不去上學的原因。每天早上，漢生都會跟父母起很大的衝突，從嘶吼、對彼此咆哮、肢體拉扯等，家裡幾乎每天都在上演激烈的情緒戲碼。曾經有一次，漢生因躲在房間裡玩電腦不去上學，父親將漢生的電腦摔壞，父子關係也因此降到冰點。

父母從不解、徬徨、生氣、無助到沮喪，最後選擇慢慢瞭解漢生的想法。漢生上國中後，感覺許多課業都無法跟上，跟班上同學的相處也狀況連連。漢生非常挫折與無奈，漢生其實也很想讓自己去上學。只是每天晚上說好隔天要上學，隔天早上就又埋首在床鋪裡，怎麼說都不想出門。感受到漢生內在的無助與掙扎，如玉開始尋找專業資源，上父母相關課程，與不同的家長討論孩子的情況。如玉慢慢理解孩子不去上學背後的困難，但早年爭執間留下的爭執記憶，依然烙印在漢生心中。漢生在家中常將自己關在房間裡，如玉想要親近漢生時，漢生的反應都非常冷漠。

「就試圖忽略漢生的行為啊，不去談那些不開心的事，但要相信他可以，也必須自己去處理與面對。」如玉開始放手，開始慢慢放下對孩子的要求與掌控，也慢慢釐清這是孩子需要一個人面對的成長歷程。

「那天在問他考大學的事，他可能覺得我又要唸他了吧。後來我想說他壓力應該也很大，表達關心後就問他要不要喝酪梨牛奶。他就說好啊！想想這段時間，我們跟他的爭執也夠多了，但還好漢生蠻喜歡我做的食物，希望在這段成長過程，至少透過媽媽的手作料理，讓他日後想起我們，也是有好的回憶啊。」如玉淡淡地說著。

拒學期間，爸媽與漢生的壓力都不小。如玉能夠慢慢試著瞭解孩子行為背後是有原因的，願意嘗試調整對孩子的期待，我對如玉真的感到非常敬佩。即便孩子學習之路仍然看似有些艱辛，但如玉能夠安撫自己的擔憂，用一杯孩子喜歡的酪梨牛奶來表達同在。或許哪一天漢生喝到酪梨牛奶，就想起了母親曾經給予的陪伴與支持力量。

製作花生酥餅時，食材的香氣就帶給我許多美好的感受。我想或許花生酥餅是小時候拜年時常吃到的食物，而拜年是跟家人親友們相聚的好時光，因此花生酥餅帶給我的回憶是舒服的。常有人說吃是一個回憶，有時候好吃的東西不一定需要刀功繁雜，味道若能讓我們想起好的記憶，想起親人摯友，再簡單的食物也能帶來療效。所謂的療癒食物，comforting food，或許就是這麼一回事吧！

每個人的療癒食物清單都不一樣，花生酥餅是我的療癒食物之一，你呢？

花生酥餅

—

Kuih Makmur

| SERVES 5 | OVEN | TIME 1 hours | DIFFICULTY 5/10 |

MATERIAL 材料

1. 花生 *25g*（搗碎）
2. 細砂糖 *13g*
3. 鹽 *1/4* 茶匙
4. 中筋麵粉 *125g*
5. 無水奶油 *50g*（或稱印度酥油，*ghee*）
6. 糖粉適量

STEP 步驟

· 前置作業

1. 預熱烤箱。　　**2.** 將中筋麵粉過篩。

· 花生酥餅製作

3 將烘烤後的花生搗成細碎的花生碎，加入細砂糖與鹽攪拌均勻。

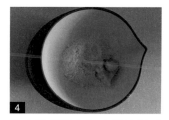

4 將中筋麵粉與無水奶油用手混合成團。

5 取約 12g 左右的麵團，放入些許花生餡，包起來。包的時候會有點困難是正常的。

6 放入預熱好的烤箱，以上下火 180 度，烘烤 20 分鐘後，取出待涼一點，將每一粒花生酥餅沾上糖粉，即可享用。

TIPS

5 也可直接將花生餡料加入麵團中，再搓揉成圓形的餅乾。

在被扶持的軟弱裡感受愛：
抹茶柚子奶酥蛋糕

一

芳萍，一位國中女生，一臉不悅地坐在沙發上。芳萍的媽媽坐在一旁，一臉無辜地看著我。我關心芳萍的心情時，芳萍表示：「今天本來想回家做完功課後就可以玩手機啊！但回家看到哥哥用我的電腦，我超不爽！他還提醒我說：『今天要上課喔。』關你屁事啊，這要你提醒。反正看到哥哥用我的電腦，我就覺得超不爽的，覺得他笨笨的，煩死了。」

芳萍的哥哥一年前被診斷思覺失調症，20歲，目前在家休養康復中。

「妳剛說他笨笨的，哥哥到底做了什麼讓妳這麼生氣啊？」我接續問。

「他就笨笨的啊！髒死了。每次看他碰我的東西我都覺得很不舒服。妳知道他會流口水，然後反應又超慢的。」芳萍很氣憤地說著。

聽芳萍這麼說，內心不免感覺到難受與哀痛。芳萍敘述裡的髒與笨，引發了我內心莫名想要為哥哥多說一點話的衝動。但想一想，印象中芳萍過去跟哥哥的相處經驗，芳萍常會主動去鬧哥哥，作弄哥哥，並不全然像芳萍今日說的，對哥哥非常排斥。

「我印象中芳萍以前會主動鬧哥哥，但今天芳萍好像對哥哥的髒與慢有很多的不滿。」我說完後，芳萍繼續：「是嗎？是啦，有些時候哥哥對我不錯，像是給我東西時，我會覺得很開心，可是他生病後就覺得他笨笨的，我就覺得他怪。很像我以前班上那些有病的同學，常做一些莫名其妙的行為，碰到他們的東西都覺得噁心。他們真的超髒的，邊做東西邊挖鼻屎，講話還會噴口水。」

「芳萍很怕他們毫無預警的行為，會讓妳不舒服。芳萍一開始說的時候，我心裡也覺得蠻難過的。芳萍知道我長期就是跟特殊族群一起工作，很多時候他們的行為並非他們可以控制，有些甚至是藥物引發的一些不自主反應。但我仔細再聽，其實芳萍更難接受的是這一切毫無預警的改變。」我反映芳萍的感受。

「對，本來都好好的，但就變得不平靜了。如果一出生我就知道哥哥是這樣那就還好，但是突然變成這樣，整個家都變得不平靜了。」芳萍從原本很躁動的情緒，慢慢緩和了下來，語氣中帶點無助感。

「因為哥哥的生病，整個家就開始不一樣了。家對我們來說應該是一個很放鬆的地方，可是現在回到家，感受到的害怕、不安……。」我回應芳萍。芳萍表

達了許多內在的壓力，因著家人的關係，芳萍其實已將未來要照顧哥哥的責任放在自己身上。但實際上對於哥哥突如其來的改變，內在的害怕、錯愕、憂傷、失落等，芳萍尚未來得及消化。當我們尚未消化和安撫這些感受，外界標準或自我要求也讓自己沒有空間安頓自己。

我理解芳萍對自我的要求：「是糾結的感受，而且最難受的是，內心好像有一個聲音說：這個是我哥哥，我怎麼無法接受他。別人都很愛他，我爸媽很耐心地陪伴，大家都好像很能理解哥哥變成這樣不是他故意的，但是我好像愛不下去。是不是我不夠高尚，是不是我品德不好？有很多自我指控的聲音都跑出來了。」當我說了這一番話後，芳萍眼眶泛紅，雙手擁抱膝蓋，將自己抱著坐在沙發上，默默地點點頭。

一直在旁沉默的媽媽，這時候突然說：「孩子，一個人要愛自己、接納自己都很難了，還要接受另外一個人，那真的不容易。」

聽到媽媽說了這句話，我內心澎湃感動，心想：這媽媽真的很有智慧與愛。許多時候，我們在關係中對自我有許多的要求與期待。特別是面對家人時，我們認為自己應該要能夠愛家人、要讓家人開心、不要讓家人失望等。而我們忘了，有時候我們也要給自己一個空間，一個容許自己無法做到的空間。在這個空間裡，我們承認自己的軟弱，也承認自己的做不到。在這個空間裡，我們的軟弱需要被扶持。當我們開放了此空間，我們就有機會讓別人跟我們在一起，逐漸體驗自己無論好或不好，都是值得被愛的。

每個人對抹茶的反應都不一樣，有些人嗤之以鼻，覺得抹茶很噁心；有些人偏愛抹茶，對任何抹茶口味的甜點都想來一份。抹茶真的很能夠包容大家對他的反應，但似乎也不是每個食材都能成為他的夥伴。紅豆大概是抹茶最常見的夥伴，但我這次想邀請柚子跟抹茶先生連結，製作抹茶柚子奶酥蛋糕，讓抹茶先生也感受到柚子的陪伴與愛。蛋糕中柚子的檸香及微酸甜的味道，與抹茶完美結合，讓我身旁不愛抹茶的朋友也多吃幾口喔！

113

抹茶柚子奶酥蛋糕

——

Matcha and Yuju Crumb Pound Cake

SERVES	OVEN	TIME	DIFFICULTY
5		1.5 hours	6/10

MATERIAL 材料

· 抹茶奶酥

1. 無鹽奶油 *a* 20g（冷藏）
2. 抹茶粉 *a* 5g
3. 杏仁粉 *a* 15g
4. 低筋麵粉 *a* 20g
5. 細砂糖 20g

· 抹茶柚子蛋糕體

6. 無鹽奶油 *b* 150g
7. 蜂蜜 15g
8. 三溫糖 135g
9. 全蛋 2 顆（室溫）
10. 糖漬柚子丁 80g
11. 抹茶粉 *b* 10g
12. 杏仁粉 *b* 40g
13. 低筋麵粉 *b* 100g
14. 泡打粉 2g

STEP 步驟

· 前置作業

1. 預熱烤箱。

2. 將冷藏的無鹽奶油 *a* 切丁

3. 將抹茶粉 *b*、杏仁粉 *b*、低筋麵粉 *b*、泡打粉過篩。

4. 在 24*7.7*6.2cm 的烤模鋪上烘焙紙。

115

·抹茶奶酥製作　　　　　·抹茶柚子奶酥蛋糕體製作

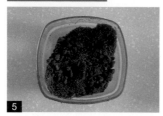 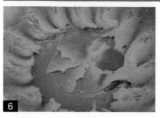 

將冷藏的無鹽奶油 a 切丁。抹茶粉 a、杏仁粉 a、低筋麵粉 a、細砂糖拌勻後，用指尖搓揉成沙狀，放入冰箱冷藏待用，為抹茶奶酥。

無鹽奶油 b、蜂蜜和三溫糖加在一起打發至乳白狀後，分次加入全蛋，打至完全融合，再加入糖漬柚子丁攪拌均勻。

將過篩後的抹茶粉 b、杏仁粉 b、低筋麵粉 b 和泡打粉，加入步驟 6，攪拌均勻。放入烤模，上面撒上步驟 5 的抹茶奶酥。

放入預熱 180 度的烤箱，烘烤 40 ~ 50 分鐘左右即可享用。

犯錯，從阻攔自我成長的羞愧中釋放自我：
蜂巢蛋糕

一

「我經期很不穩，已經快半年沒來了。我一直都有看醫生，但醫生最近叫我來跟心理師聊聊。」鳳娟頭低低的，講話聲音輕柔，不時抬頭與我眼神接觸。

「醫生有說建議鳳娟來諮商的原因嗎？」我好奇地問。

鳳娟沉默了一會兒，支支吾吾地說：「高中時我曾懷孕，我瞞著家人去墮胎。大學開始我的經期變得很不穩定，我開始看婦產科。醫生叫我做的我都有做。我很盡力地控制飲食，也很規律地運動。但我最近半年都沒來月經，醫生就叫我來諮商了。」

從大學時期，鳳娟生活過得非常規律，吃該吃的藥、每天定時運動、不吃煎炸東西、不抽菸、不喝酒。但鳳娟的經期一直都很不穩定，特別是工作後，常常好幾個月都沒有月經。經期沒來時，鳳娟就會感覺非常不安、焦躁。每當母親關心鳳娟的情況時，鳳娟就會變得非常防衛，莫名發脾氣、很用力的拒絕掉母親的關心，但事後又會很愧疚的跟母親道歉。鳳娟很在意隱瞞家人墮胎一事，認為自己犯了大錯，有愧於父母，也很氣自己當時的衝動，沒好好保護自己的身體。鳳娟很擔心將祕密說出來後，會讓父母深感失望與難過。

墮胎的祕密無形間築起了鳳娟與家人之間的牆，鳳娟渴望被支持，但犯錯的恐懼讓鳳娟將家人與自己推開。我感受到鳳娟內心深感孤單惶恐：「謝謝鳳娟願意讓我知道這段痛苦的過去。我想這個祕密藏在心中已經很久，也讓鳳娟受苦了。其實鳳娟不想讓家人知道，也是基於想要保護爸媽的感受。鳳娟這幾年已經很盡力的彌補當年的錯，但鳳娟仍然無法原諒自己。」

「這一切是自己造成的，有時候我覺得自己不值得好起來。」鳳娟說完，就落淚了。

犯錯會引發人的愧疚感。幼兒時期，我們尚未認識他人與我之間的界線，無法理解自己對他人造成的影響，因此也很難為自己傷害到他人的行為感到愧疚；當我們逐漸理解自己與他人是獨立個體，更多理解人的內在感受時，我們會為自己對他人造成的情緒傷害感到愧疚。愧疚像是一個指標，有助於我們理解及抑制自己犯錯。健康的愧疚感提醒我們需要做調整，學習為自己的行為道歉與負責。可是當我們一直無法釋懷自己的錯誤，甚至因而不斷否定及論斷自己，犯錯引發的不是「我做錯了」的愧疚感，而是「我不好」的羞愧感。羞愧感沒有憐憫發揮

的空間,我們緊抓著自己的犯錯控告自己,且容易因此影響自己與他人的親近感。鳳娟的內在羞愧感,也讓她將自己推開了。

　　諮商中,我試圖讓鳳娟跟自我有更多對話時,我問:「如果當年的孩子長大了,她正在經歷跟鳳娟一樣的事,鳳娟知道她已經很努力的彌補了,鳳娟會告訴她什麼呢?」

　　鳳娟停頓了一會兒,淡淡地說:「沒事的,那都過去了。」

　　「沒事了,那都過去了。對於鳳娟所經歷的,我感到很抱歉。我們無法改變些什麼。但我相信鳳娟今天坐在這裡,不是偶然的。或許這是一個機會,重看過去所經歷的,聽聽生命希望我們做些什麼。」當我這麼說後,鳳娟坐在位子上默默地落淚。

　　後續的諮商我跟鳳娟慢慢梳理與自我的關係、談了工作上的壓力與生涯發展,也談了鳳娟與家人的關係。這幾年,鳳娟為了讓自己身體更健康,開始研究飲食。鳳娟認為飲食對人的健康很重要,也曾想過朝飲食方面發展,希望藉由自己的經驗,讓更多人得到幫助。鳳娟也慢慢釐清自己與家人的關係界線。有次,鳳娟跟媽媽提起高中墮胎事件。媽媽很心疼也很不捨,對鳳娟當年所做的事感到不可思議,但也很堅定地告訴鳳娟:「不要讓過去的事件成為現在的枷鎖。」

　　媽媽在愛裡的回應,彷彿給了憐憫更多運作的空間,讓寬恕流入鳳娟的心裡,鳳娟慢慢學習和自我和好。有一天,鳳娟跟我分享在網路上看到一篇文章,作者跟自己經歷很相似。鳳娟那天心情很悸動,生命彷彿在跟鳳娟對話,想更深刻告訴鳳娟:「沒事了,那都過去了,我們繼續往前。」

　　製作甜點的過程,難免會犯錯。我理想的蜂巢蛋糕是直切能看到筆直的組織,橫切可以看到漂亮的蜂巢洞口。製作過數次的蜂巢蛋糕,成品都不如我意,沒有筆直的組織,或是有一半看起來像是發糕。也會有點沮喪,但借助這些失敗經驗,有一天我終於烘烤出我理想中的蜂巢結構!當然,相較起鳳娟所經歷的,烘焙過程所犯的錯並不可怕,只會覺得浪費食材好可惜。而人非聖賢,生活中我們會犯大大小小的錯。雖然我們有軟弱,但我們也有能力可以彌補錯誤。只要我們願意好好面對,我們可以讓關愛我們的人,以及自己陪伴自己,從犯錯的羞愧感中釋放出來,那是我們可以為過去的錯負責的方式,如此我們才有機會讓曾經的錯變得有意義。

蜂巢蛋糕

—

Honeycomb Cake

SERVES	OVEN	TIME	DIFFICULTY
6		4 hours	7/10

MATERIAL 材料

1. 細砂糖 *170g*
2. 熱水 *160ml*
3. 無鹽奶油 *50g*
4. 煉乳 *100g*
5. 全蛋 *4* 顆
6. 中筋麵粉 *120g*
7. 蘇打粉 *1.5* 茶匙

STEP 步驟

· 前置作業

1. 預熱烤箱。

2. 將中筋麵粉、蘇打粉過篩。

3. 在 *7*7* 的四方形烤模裡鋪上烘焙紙。

· 蜂巢蛋糕製作

將細砂糖煮成焦糖，小心加入熱水攪拌均勻。加入熱水後，有些糖可能會結塊，稍煮一下至融化即可，不要煮太久變糖漿。關火後，待涼一點，約 40 ～ 50 度左右，加入無鹽奶油、煉乳攪拌均勻。

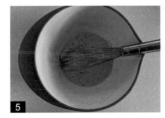

用另一個碗將全蛋打散，加入過篩後的中筋麵粉與蘇打粉攪拌均勻。

加入步驟4的焦糖攪拌均勻，過篩一次倒入烤模，靜置在室溫 2 個小時。

放入預熱好的烤箱，僅下火 140 度。放入烤箱後，烘烤 1 個小時。接著上下火轉 160 度，再烘烤 10 分鐘。

待涼透後切開，即可享用。

122

從成長的視野看待關係裡的等候：
印尼黃金糕

—

為了製作出一款有筆直氣孔的印尼黃金糕，我翻閱了不同的食譜，想要從中找出訣竅，做出心中理想的樣子。嘗試製作印尼黃金糕的次數約莫超過五次，使用的雞蛋也超過五十顆。每一次的測試，都需要等待四個小時或以上，而每次的等待既期待又怕受傷害，擔心成果又不符合自己的期待。但製作印尼黃金糕，就是需要耐心的等待，像是關係裡，我們也需要給予彼此一個等候的空間。

記得好多年前，與雪瑩初次見面時，雪瑩被診斷為憂鬱症。母親對雪瑩整天足不出戶深感難受。有一次，母親受不了雪瑩好多天都沒洗澡，將雪瑩拖進浴室，直接在雪瑩頭上淋洗髮精，用水狂沖雪瑩的身體，希望雪瑩能夠醒醒。但雪瑩並沒有因此而改變，反而更不想出門，對許多事情表現無感。

有一天雪瑩也好不容易來到諮商室，說：「連續好幾天上班都遲到，昨天主管打電話問我，下禮拜有點不想去上班了。」

雪瑩從小就要求自己將每件事情做好，只要發現自己做不到或做不好，就想要逃避或放棄。沒去上學的期間，媽媽幫雪瑩在朋友的公司找了一份工讀生的工作。但雪瑩已經翹班好多天，媽媽看著雪瑩無精打采的表情，深感無奈地說：「妳要開始振作啊！」說完後，嘆了一口氣。雪瑩不發一語地低著頭，眼睛泛紅。

同樣一句話，在不同人的感受裡，象徵著不一樣的意義。有些時候，即便我們無惡意，只是希望能夠勸阻對方、避免對方鑄成大錯，但另外一方尚未準備好時，很容易陷入被否定、不被信任的感受中。母親或許只是希望讓雪瑩振作，但對雪瑩而言，母親的勸阻常讓自己感覺被否定、不被信任、不夠好的感受。

「我知道我以前對妳很嚴厲，但我都已經改了啊！妳難道就不能一起改變嗎？」媽媽繼續說。一直以來媽媽都希望雪瑩可以考上好的大學，找一份好的工作。但雪瑩承擔極大的壓力，身心狀況也大受影響。媽媽非常自責自己過去對雪瑩過於嚴厲，認為自己對雪瑩的憂鬱情況有很大的責任。

我們常在關係裡隱藏了許多的期待。我們期待自己身為好媽媽的角色，能夠將家裡打點好、教養出優秀的孩子、幫孩子準備便當等；我們期待自己身為一個有效能的主管，每個細節都掌握清楚，不能表現猶豫不決或做錯決策等。可是當他人的行為不如我們預期時，如：孩子不想吃我們準備的便當、先生沒來幫忙打掃、下屬對我們的抉擇提出異議，彷彿都在挑戰著我們對自我的期待，認為是自己做不好。

「我到底還可以做什麼？」媽媽邊哭邊啜泣地說，雪瑩低著頭，沉默了一會兒，輕輕地搖了頭。

「或許雪瑩現在需要的，就是陪伴在她身旁，慢慢度過憂鬱的階段。」

關係裡簡單的陪伴與等候很難，有時候我們比當事人還急，急著想多做點什麼。或許關係裡真正讓自己難受的不是別人，而是我們對他人的期待。但常常我們沒有釐清自己的期待，究竟是否是對方的需要，或只是我們的想要。我們都不想傷害身旁的人，但期待落空是關係裡必然發生的事。若我們又不清楚或不懂得如何表達與處理自己的感受與想法時，就會引發不舒服的關係互動經驗。我們可能很急著想要拯救對方，幫對方做許多事情，避免彼此經歷期待落空所引發的失望、沮喪、挫折、憂鬱等情緒，實際上，我們所做的可能只在消除自己的害怕，但也讓對方感到否定且不被理解；我們也可能在對方讓我們失望時，變成指控的角色，如直接評論「你怎麼這麼自私」，認為他人造成自己不舒服，忘了我們可以單單說出自己的感受，如「我感覺委屈」。比起直接評論他人，分享自己的感受才能讓他人更可以理解我們，正確回應我們。

「媽媽有時還是一樣啦，我上週只是睡過頭，她載我出門時就一直碎碎念。但前幾天媽媽突然跟我說她很挫折，覺得自己幫不了我。」諮商一段時間後，雪瑩有一天如是說。

「那妳怎麼回媽媽呢？」我問道。

「沒啊，媽媽就盡力啦。只要她不要再囉囉唆唆，顧好她自己，我也盡力就是了。」

諮商期間，母親其實調整很多，陪伴雪瑩慢慢走過憂鬱低谷。母親試著理解雪瑩有自己的路要走，當雪瑩陷入情緒時，就讓雪瑩好好安靜。母親有能量的時候就安靜陪伴在雪瑩旁邊，不急著給予解決方法，相信雪瑩有能力學習面對。雖然雪瑩表示母親有時候仍然比較急，但至少母女倆在這段時間裡，慢慢接觸、認識、表達與處理自己的感受與想法。雪瑩也更知道如何依自己的情況調整升學目標，生活也變得較有方向與動力。

關係中學習等候不容易，媽媽給予的等候空間，讓彼此都有所學習與成長。製作印尼黃金糕點的過程也需要學習等候。等待麵糊發酵的空間裡，看似做不了什麼，但也在每一次產出的成品中，幫自己檢視食譜，思考如何調整配方，一點一滴地改進。而加入不同東南亞香料的黃金糕，經過發酵後，整體的風味非常有層次。烤出來後的蛋糕放隔天再吃，味道變得更鮮明更豐富。關係裡，有時候我們也需要有此成長的視野去看待等候的空間，相信對方與自己都需要學習，學習面對與釐清自己的想法、期待與需要，學習好好表達，相信在每一次的嘗試失敗中都是很好的調整機會，生命在此等候的空間裡必有所成長。

印尼黃金糕

—

Bika Ambon

SERVES	OVEN	TIME	DIFFICULTY
8		8 hours	8/10

MATERIAL 材料

· 材料 A

1. 中筋麵粉 *20g*

2. 細砂糖 *a 1.5* 湯匙

3. 酵母 *2* 茶匙

4. 水 *100ml*

· 材料 B

5. 椰漿 *500ml*

6. 泰國檸檬葉 *4 ～ 6* 片

7. 新鮮香蘭葉 *3 ～ 4* 片

8. 香茅 *1* 個

9. 薑黃粉 *1/2* 茶匙

10. 細砂糖 *b 200g*（嗜甜者可增加至 *300g*）

· 材料 C

11. 蛋黃 *8* 顆（約 *176g* 左右）

12. 全蛋 *3* 顆（約 *195g* 左右）

13. 樹薯粉 *200g*

STEP 步驟

· 前置作業

1. 預熱烤箱。

2. 剪下新鮮香蘭葉與泰國檸檬葉,並用刀背拍一拍香茅,會更入味。

3. 依照市售椰子粉的外包裝標示說明,按照比例以水、椰子粉混合成椰漿,並取 *500ml* 的椰漿。

4. 在 *7*7*3* 寸的四方形烤模裡鋪上烘焙紙。

· 材料 A 製作

5
將中筋麵粉、細砂糖 a、酵母、水攪拌混合，約莫 15 分鐘就會起泡，就可以使用。

· 材料 B 製作

6
加入椰漿、泰國檸檬葉、新鮮香蘭葉、香茅、薑黃粉、細砂糖 b，煮至細砂糖融化，放一旁燜約 15 分鐘～ 30 分鐘，過篩。

· 材料 C 製作

7
將蛋黃與全蛋拌勻。

8
加入樹薯粉攪拌均勻。

9
加入過篩的材料 B，以及發酵好的材料 A 混合均勻，過篩後，在室溫靜置 3 ～ 5 小時。時間越久，風味會越豐富。

· 烘烤

10
放入預熱好的烤箱，僅下火 140 度。將靜置的麵糊過篩，倒入四方形烤模，靜置 10 ～ 15 分鐘後，放入下火 140 度的烤箱，將烤箱的門保持微開（可用筷子固定），讓熱氣從門縫中出來，使蜂巢蛋糕可從下面慢慢地受熱至上面，以形成筆直的細孔。烘烤 1.5 小時或至表面看起來已定型，不再膨脹後，再以上下火 160 度，烘烤 10 分鐘。待涼後切開，即可享用。

TIPS

6
若沒有新鮮椰漿，盡量使用椰子粉混合水做成的椰漿，避免使用有粘稠劑的罐頭椰漿，以免影響麵糊的組織。

9
超過 5 個小時可能會影響酵母的發酵力，以及麵糊會偏酸。

10
若沒有不沾烤盤，可先預熱烤盤再刷一層油，等涼一點再倒入麵糊。
切記不要使用烤盤紙，否則烤盤紙會浮起來影響黃金糕的組織。

生活留一些時間給自己，照顧自己的需要：
玫瑰起司餅乾

―

「我真的覺得我主管的情緒管理很差，她的情緒起伏很大；面對我的下屬，我也覺得很無奈。我們的工作就是要加班，但每次我跟他們說要留下來處理問題時，他們都給我擺臭臉。我嘗試跟他們溝通，可是溝通無效啊！我不想離職，這份工作是我好不容易爭取來的，憑什麼因為他們我就要離職。但我最近工作越做越痛苦，每天回家壓力都超大的！」智洋語氣急促地敘述工作上的壓力。

生活中有太多事情都非我們所能掌控。工作上有尖酸刻薄的上司，愛擺爛、態度差的同事；家中有不可理喻的婆婆與執迷不悟的先生；學校有無法變通的制度，而孩子的衝動性行為非三天兩夜就能改變⋯⋯面對生活中的困境，你我都很盡力地去解決處理，可是當事情不斷重複發生、無法改善時，累積的挫折感真的很容易讓人深感沮喪與無助，甚至也很容易勾起我們對自我的懷疑。

「主管常常很直接的在大家面前說我哪裡沒做好，那感覺真的很糟。我每次都很擔心自己哪裡做錯，搞得很晚才回家。久了也在想是不是我個人的問題。」

智洋真的很努力地解決工作上的問題，生活二十四小時幾乎都在處理工作上的問題，生活留給自己大概只有基本的吃飯與睡眠時間。智洋有時候還會夢到工作上的壓力，起床第一件想的事情也是工作待辦事項。智洋可以給予自己的空間與時間少之又少，甚至不覺得長期被剝奪睡眠的身體是需要被好好照顧的。日子久了，旁人發出任何訊息，也很容易被智洋解讀成是一種要求或壓迫，認為他人不了解自己付出了多少努力、生氣他人不斷剝削自己、為著自己沒做好的部分深感愧疚，久了或許就會變得莫名易怒負面，連上班的動力也被大大影響。

「智洋有多久沒有好好休息、好好放鬆了？」

智洋聽了我問的問題，停頓了一會兒，才驚覺自己工作一年多，都讓自己處於緊湊的生活節奏，週末也在加班，為了不讓工作出錯，不敢輕易放假。智洋敘述工作上的情況後，我請智洋做簡單的身體放鬆練習，智洋離開前說：「好像很久沒有這樣的感受身體放鬆的感覺。」

許多時候我們也像智洋一樣，面對無法解決或處理的事情，我們非常努力地埋頭苦幹，卻忘了好好尊重自己的感受與需要，甚至感受身體的感受。（如：此時此刻感受的到屁股坐在椅子上，身體的重量嗎？感受到肩膀的感覺為何？）我們無法改變主管的脾氣、改變婆婆愛挑剔的個性、改變他人對自己忽冷忽熱的表

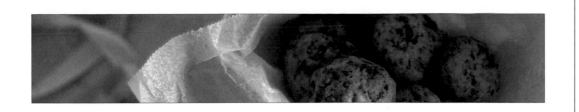

現，但我們需要懂得為自己設立界線，懂得尊重自己的感受與需要。當我們少給了自己如此的空間，好好照料自己的狀態時，我們也很容易將情緒的主控權交給他人，並因此而失去了內在的自由。我們無法看見或相信自己的感受，甚至誤以為自己需要為他人的情緒、事件的結果全權負責。那天諮商結束後，智洋跟自己承諾，每天至少留五分鐘給自己，無須理會外在發生的事，並做任何自己想做的事情。如果時間允許，也可以延長和自己相處的時間。

「那天看主管發飆，雖然我還是會很生氣，但我就練習深呼吸，然後提醒自己那是主管自己要處理的。」智洋在下一次諮商時，分享自己練習如何釐清關係中的責任，不急著將問題都攬在自己身上。智洋也試著去詢問同事的建議，看看是否有哪些是自己可以改進的。主管和下屬的反應仍然會讓智洋感覺不舒服，但智洋學習尊重自己的負面感受，知道那就是主管的脾氣，只要智洋為自己的部分負責了，就無須將其他人的情緒攬在自己身上。

生活中我們需要留給自己一些時間，給自己時間其實也在給自己空間，更清晰地看見內在的自由，看見自己可以做不一樣的選擇。內在的自由就像是從接受刺激，到反應的瞬間，我們延長了多一點的空間。在這空間裡，開發其他反應的能力，慢慢找回對自己的主控權。有時候深呼吸、冥想、抽離現場等，都是能夠延長反應時間的方法。懂得給自己時間和空間，是在表達對工作的尊重，也是對自我的尊重。當我們懂得尊重自己與他人的感受，尊重每個人有不同的需要，其實也是在學習愛的功課。

玫瑰的花語是熱情、愛情、永恆。我們常用玫瑰花表達對他人的愛，但我們也需要懂得表達對自己的關愛。忙碌的生活裡，我喜歡製作玫瑰起司餅乾，來提醒自己，適時給予自己空間，關愛自己的狀態。尊重自己身為一個人，有自己的感受和需要，我們有責任好好照顧好自己。懂得為自己儲備能量，我們才有力量再去關愛他人。玫瑰的美不只有停留在表面和香氣上，加入乾燥玫瑰花的餅乾，吃一口確實有種撫慰心靈的效果。除了送自己玫瑰，我們也可以幫自己做玫瑰起司餅乾，好好疼愛自己的狀態。

玫瑰起司餅乾

—

Cheesy Rose Cookies

SERVES 6   OVEN   TIME 4 hours   DIFFICULTY 5/10

MATERIAL 材料

1. 無鹽奶油 *85g*（室溫軟化）

2. 細砂糖 *70g*

3. 玫瑰花瓣 *8 ～ 10g*（去除花萼後的重量後切碎）

4. 玫瑰起司片 *1* 片（切丁）

5. 低筋麵粉 *125g*

6. 泡打粉 *1* 茶匙

STEP 步驟

・前置作業

1. 預熱烤箱。

2. 無鹽奶油提前回溫至軟化備用。

3. 將玫瑰花瓣切碎。

4. 將玫瑰起司片切丁。

5. 將低筋麵粉、泡打粉過篩。

・玫瑰起司餅乾製作

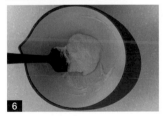

室溫放軟的無鹽奶油與細砂糖打發至乳白色。

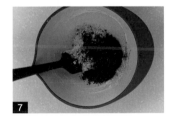

加入切碎的玫瑰花瓣與切丁的起司攪拌均勻後，加入過篩後的低筋麵粉、泡打粉，攪拌均勻。

搓揉成 10 元大小的形狀，稍壓扁一下。

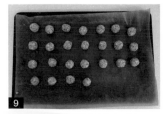

放入預熱好的烤箱，以上火 150 度、下火 160 度，烘烤 20 分鐘，放涼後即可享用。

設立關係界線，體驗與真實自我連結的內在自由：
燕麥夾心餅乾

——

「我不想說，說了也沒用，她聽不懂。」巧茹常感覺母親無法理解自己的想法，巧茹很用力的、大聲的反抗，但常常感覺表達無效。無論怎麼做怎麼說，最後都需要妥協或配合母親，生活的一切才會回到正常運作。

「跟媽媽溝通的過程，常常會有種不被聽見的感覺。」我回應巧茹後，巧茹繼續說：「對。而且還會被說是我的問題，是我太脆弱，一切都是我造成的。」

與母親互動時，巧茹常用不同的方式，如：大聲吶喊、不配合、忽視冷漠等，來表達自己的需求，幫自己爭取多一點點的自主決定權。但每次的憤怒、咆哮與衝突，巧茹感覺換來的是母親的拒絕、否定與不諒解。每當夜深人靜，巧茹躲在被窩裡，大腦反覆重演與母親的對話，生氣母親扭曲自己的意思，懊悔沒幫自己多說些話，同時對自己歇斯底里的樣子深感厭惡。

「她都不反省，好像全世界就只有她對一樣。說我自我中心、個性不好，才交不到朋友。」巧茹說完後，眼睛開始泛紅，內心充滿著許多的委屈。

當我們在溝通中感受到不被另一方尊重或重視，甚至感覺自己被羞辱時，我們很容易啟動防衛機制以保護自己。我們可能火力全開反駁對方，也可能用逃避溝通的方式，切斷與對方的對話。我們讓自己變得難以靠近。我們像是總裁一樣，等待對方認錯或態度軟化，再宣判是否要繼續互動。我們心想對方若真的在意這段關係，就該有些愧疚感，為關係多做點什麼。我們的阻斷溝通，就像是懲處對方，告知對方做錯事一樣，認為對方要為一切負責。當對方真的道歉或示弱時，我們為自己能在關係中施展一些影響力，感到自己有莫名的存在感。然而另一方也用同樣的方式回應關係時，關係就會陷入彼此指責的溝通循環，無法開啟真誠的對話。

面對關係中不被聽見，甚至受辱的感覺真的不好受，那彷彿是在傳遞著我們的存在是不應該或是不好的訊息。當我們尚未聽懂自己時，我們很容易將情緒帶入關係中。我們像個嚴厲父母一樣論斷對方對我們造成的傷害，也像小孩般希望對方能安撫自己的心情。我們越不想凝視內心的狀態，釐清事實的全貌，允許彼此可以有不同的反應與心情，我們就越容易將心情的主控權交給對方，認為對方

要為自己的心情負責。我們可能也會在某個瞬間,因害怕關係的失去,害怕自己被遺棄而迫使自己妥協、就範。

「說了沒用怎麼辦?」巧茹問。

「至少巧茹幫自己說出來了,為自己負責了。」我回應。

關係裡每個人都會有自己的想法、價值觀、感受、需要等。對方可以拒絕我們,可以有自己的想法,可以生氣、難過、有任何的心情。我們允許對方表達真實的自己,就像是我們也希望對方能聽到我們的不,允許我們有生氣、失落、難過、憤怒的心情一樣。當我們允許彼此有展現自己任何狀態的空間,就是關係裡需要的界線。即便關係需要經歷激烈的溝通來達到彼此的共識,但合宜的關係界線讓我們知道彼此是不一樣的個體,各自有自己要面對的挑戰與功課。當我們看清此界線時,其實也是學習認識自己,學習為自己負責的開始。

人與人之間需要有界線來保護彼此,保護關係。某一日我在製作燕麥夾心餅乾時,覺得餅乾之間的夾心層,很能象徵人與人之間的界線。雖然夾心餅乾常用來形容夾在兩方都很在意的關係,順得哥情失嫂意的狀態,但從另外一個角度來看,夾心餅乾的經驗是一種提醒,提醒我們需要看見自己是獨立的個體,提醒我們需要與另外一個個體產生好的關係界線,就像是餅乾與餅乾之間需要奶油糖霜來保護彼此,不過度干涉或涉入對方的世界,但我們又可以在良好的界線中彼此陪伴。

享用燕麥夾心餅乾時,我們也可以幫自己檢視讓自己感覺不舒服的關係。關係裡感受到的憤怒與委屈,或許也是在提醒自己不喜歡被侵犯與干涉,提醒自己需要適當設立合宜的界線來保護自己。當我們看清楚自己是獨立的個體時,我們的責任是澄清自己的立場,表達自己的感受與想法,而非批評與指控對方。關係裡我們尊重他人有他人的期待,但要理解我們終究是自己。我們可能會讓他人失望,但那也是沒有辦法的事,因為每個人有自己的限制。當我們能在合宜界線中學習承擔自己的功課,即使會面臨某些取捨、心痛的歷程,我們內心也因與真實的自己合作,而變得自由。關係中我們也更有能量陪伴彼此,讓彼此成為自己原有的樣子。

137

燕麥夾心餅乾

——

Oatmeal Cream Pies

SERVES
5

OVEN AND
FRIDGE

TIME
2 hours

DIFFICULTY
6/10

MATERIAL 材料

· 餅乾

1. 焦化奶油 *110g*

2. 細砂糖 *40g*

3. 黑糖 *70g*

4. 香草精 *a 1* 茶匙

5. 全蛋 *1* 顆

6. 動物性鮮奶油或牛奶 *1* 湯匙

7. 中筋麵粉 *115g*

8. 蘇打粉 *1* 茶匙

9. 肉桂粉 *1* 茶匙

10. 鹽 *1/2* 茶匙

11. 燕麥 *120g*

· 奶油糖霜夾心

12. 無鹽奶油 *150g*（室溫軟化）

13. 糖粉 *45～50g*

14. 煉乳 *60g*

15. 香草精 *b 1* 茶匙

STEP 步驟

· 前置作業

1. 預熱烤箱。

2. 另取約 *150g* 無鹽奶油放入鍋中煮，煮至看到一些沉澱物，且聞到一股榛果香即可關火，為焦化奶油。將焦化奶油放入冰箱冷藏，餅乾才不會太油。降溫後的奶油質感稍凝固，但仍然可以攪拌。

3. 將中筋麵粉、蘇打粉、肉桂粉過篩。

4. 將製作奶油糖霜的無鹽奶油提前回溫至軟化備用。

5. 在烤盤鋪上烘焙紙。

139

TIPS

也能將鍋子放入有冰塊的水中降溫。

焦化奶油煮後水分會蒸發，取 110g 製作餅乾。放入細砂糖跟黑糖攪拌均勻後，再放入香草精 a、全蛋和動物性鮮奶油，攪拌均勻。

放入過篩後的中筋麵粉、蘇打粉、肉桂粉、加入鹽攪拌。

放入燕麥攪拌均勻成團。

· 奶油糖霜夾心製作

用冰淇淋勺子取麵團，每粒約 42g 左右，用保鮮膜包覆住後，放入冰箱冷藏 1 個小時或隔天烘烤也行。

從冰箱拿出來後，放入預熱好的烤箱，以上下火 180 度，烘烤 11 ～ 13 分鐘即可。

將室溫軟化的無鹽奶油、糖粉、煉乳、香草精 b 打發成蓬鬆狀態。

· 組裝

在餅乾上抹上厚厚一層奶油糖霜，蓋上另外一片餅乾，即可享用。

TIPS

吃不完的餅乾可以放冷藏，想吃的時候再拿出來直接吃，或退冰吃也可以。

傾聽彼此的不同，視之為豐富自我的旅程：
咖椰糯米糕

—

「他有一段時間都沒有對我表達關心了，有時候我都在想是不是我哪裡做得不好。」彥琳與國斌分開坐在沙發的角落，相互背對著，眼神都沒有絲毫接觸。

「我不是不關心妳，但每次要跟妳靠近都讓我很痛苦。」國斌講話稍激動，但仍然很努力按耐住情緒。

彥琳不知不覺地落下眼淚：「對，就是這樣。每次你這麼說時，都讓我覺得自己很糟。我已經很努力不發脾氣了，但是你對我越來越冷漠，一點都不在乎我！」

「我不是這個意思啊！有時候下班工作回家就很累，但每次回去都要擔心妳是不是又因為什麼事不開心了。久了我也會沒有耐心，我也會受不了。」國斌氣得忍不住對彥琳大吼。

彥琳受不了，提高聲量回應：「你壓力大，難道我壓力不大嗎？家裡的大小事情都是我在做的，有時候我都得小心翼翼地請你幫忙。怎麼講得都好像是我的問題！」

彥琳與國斌結婚三年多。國斌認為彥琳的情緒起伏很大，常常需要花很多時間安撫彥琳，久了國斌認為彥琳並沒有真的要解決問題，彥琳被視為情緒化的太太；彥琳很努力地調整自己的脾氣，有時候儘管彥琳只是宣洩情緒，國斌會認為彥琳在無理取鬧，彥琳深感受傷。漸漸地，兩人在關係中越來越少溝通，彥琳感覺國斌對自己越來越冷淡，而國斌感覺自己在婚姻越來越疲憊。

撇除男女處理情緒方式的差異，彥琳與國斌在關係中如何正確聽見對方，是在許多伴侶身上，甚至在一般親子、手足、同儕互動等，常遇到的問題。每個人都來自不同的背景，有不同的成長經驗、思維模式、生活習慣等，各自形成一套理解世界的基模。基模就像是一個大架構，當我們遇到新刺激時，會跟此架構做比對，評估新刺激是否符合內在架構或有所衝突。如：看到珍珠時，我們很快提取製作珍珠奶茶的記憶，我們內在的珍珠知識架構，有奶茶與奶茶的連結。但若有人提議將珍珠加入米粉湯，而我們的基模沒有珍珠與鹹食的連結，就會產生所謂的認知失衡。當原有的概念受到挑戰時，會出現不適應感，為了讓我們心裡平衡些，就需要修正我們對珍珠的知識架構，這是擴充基模的歷程。當然我們也可以堅持珍珠米粉湯是一個錯誤的組合，拒絕調適基模，以舒緩掉認知失衡的不適感。

由於每個人的基模都長得不一樣，與他人磨合的過程，彼此的差異會勾起數不清的失衡感。失衡的感受讓人很不舒服，容易讓我們的自我感到被挑戰、被犧牲、不被尊重，也可能勾起很多早年不被回應的經驗，出現委屈、受傷、生氣等情緒。這些不舒服都在挑戰著我們的基模，讓我們害怕聆聽彼此的過程會有所失去。無論是從自我中心轉向他人中心的失去；或是面對意見不合的失衡感時，我們需要放棄掉某些自我的堅持，以達到內在平衡的失去。當然我們也可以為維護原有基模，放棄傾聽，冒著失去關係的風險。

「剛國斌說在關係中感覺很疲憊，是什麼讓國斌仍然選擇來諮商？」我好奇地問。

「我不是不關心彥琳。她每次這麼說，我真的很無奈。我每天上班壓力已經夠大了，但回家看到彥琳發脾氣，好像我又做錯些什麼，我只好不反應，我不知道如果我再說什麼或做什麼時，我會做出什麼可怕的事！」國斌很激動地表達。

「國斌的不反應，其實是國斌害怕失控，害怕失控也是因為在意彥琳，想要保護彥琳、也保護這段關係。」當我這麼一說，國斌點點頭，彥琳才稍微看國斌一眼，氣氛瞬間少了一些凝重感。

我們要有能量聽見對方，首先我們需要合宜地聽見自己在意的、期待的、渴望的，明辨自己的內在狀態。但許多時候我們都不會傾聽自己，認為儘量滿足對方是愛的表現，結果可能將彼此緊緊綁在一起，反而少了一些空間去看待自己真正的狀態，並將內在未知的面向咎責在他人身上，讓彼此無法以正確的方式相遇，以致傷害了關係、傷害了對方與自己。當我們無法好好傾聽自己時，我們也很難有空間去傾聽關係裡的不同。

關係裡的不同常讓我聯想到咖椰糯米糕。咖椰糯米糕的底部是用糯米與椰漿製作，上層用香蘭汁製作。

底部有糯米紮實的口感，上層口感較滑順綿密。兩層口感看似不一樣，結合在一起卻意外的合拍。糯米層微鹹的味道讓整體的甜度變得更舒服外，也能感受到香蘭的香氣在嘴巴四溢，整體口感與味道的層次相當豐富。傾聽彼此的過程，就像是品嚐咖椰糯米糕時，我們會感受到許多的不同。但我們若能找到了一個關心自己的基礎，允許認知失衡的不適感，明瞭意見不合是在反應個體的差異，關係就能多一點傾聽的空間。彼此對話不是為了說服或責難對方，而是能進入對話。傾聽彼此所引發的不適感，也可以視之為調整與修正基模的機會，幫助自己擴充看待世界的方式，讓我們不至於僵化。在看似失去的傾聽中，自我也變得更豐富。

143

咖椰糯米糕

—

Kuih Seri Muka

SERVCS
8

STOVE

TIME
3 hours

DIFFICULTY
6/10

MATERIAL 材料

· 下層

1. 糯米 *350g*

2. 鹽 *1* 茶匙

3. 椰漿 *200ml*

4. 油 *1* 湯匙（若使用新鮮椰奶可省略）

5. 新鮮香蘭葉 *2* 片

· 上層

6. 全蛋 *4* 顆

7. 細砂糖 *150g*

8. 鹽 *1/2* 茶匙

9. 香蘭汁 *150ml*

10. 中筋麵粉 *100 ～ 120g*

STEP 步驟

· 前置作業

1. 將糯米泡至 *1* 個晚上後，將水瀝掉。

2. 另外取 *12* 片新鮮香蘭葉、水，榨出 *150ml* 香蘭汁。

3. 依照市售椰子粉的外包裝標示說明，按照比例以水、椰子粉混合成椰漿，並取 *200ml* 的椰漿。

4. 將中筋麵粉過篩。

5. 在 *10* 寸的四方型模具裡鋪上烘焙紙。

· 下層製作

將已泡水糯米、鹽、椰漿、油攪拌混合,放入模型裡,新鮮香蘭葉紮起後放在上面,放入鍋子裡中火蒸 45 分鐘。

· 上層製作

全蛋打均勻,加入細砂糖、鹽、香蘭汁,最後加入過篩後的中筋麵粉,攪拌過濾後,備用。

· 蒸製及組裝

下層蒸好後,用湯匙將糯米壓平。

將步驟 7 的上層慢慢地倒在蒸好的糯米上,用鋁箔紙鋪在上面,中小火蒸 45 ~ 55 分鐘即可,可用竹籤插入,若拿出來時竹籤是乾淨的,就代表蒸好了,切塊後即可享用。

TIPS

 9

糯米糕一定要等完全涼透,再用塑膠刀切,成品才不會黏,或四分五裂喔!沒吃完的可以放冰箱,要吃的時候再拿出來蒸 5 分鐘,即可享用。

147

Chapter 4

諮商的心路歷程 —— 心理師心裡話

P.150 慢一點，釐清自己的生活狀態，他人的需要：咖椰醬

P.154 用一顆好奇的心了解自己：蔥花餅乾

P.160 接受生命是一場探索的旅程：鹽之花巧克力餅乾

P.166 好好面對不熟悉帶來的不適感：馬告檸檬磅蛋糕

P.172 眼光，帶給人穿越所見進入不朽的能量：烤木薯糕

P.178 挫折讓自己死去不切實際的形象：鹹蛋黃咖哩葉餅乾

P.184 感謝他人的陪伴，讓限制得以與創造攜手合作：聖誕水果蛋糕

慢一點，釐清自己的生活狀態，他人的需要：
咖椰醬

　　咖椰（Kaya），是家裡的祖傳抹醬，抹在麵包上，搭配一片有鹽奶油，是兒時早餐熟悉的味道。在台灣要找到自己煮的咖椰不容易，為解相思之苦，我跟爸爸討教如何煮咖椰之後，便開始了我煮咖椰的旅程。猶記第一次煮咖椰時，我想要趕快煮好，邊煮的過程還想著許多尚未完成的事。當我看著鍋裡咖椰怎麼還是很稀的時候，我心想：「好慢喔。」於是就把火調大一點，接著蓋上鍋蓋燜煮。當我再次打開鍋蓋時，我的咖椰瞬間變成了燉蛋……。

　　急著想煮好咖椰的過程，就好像生活中急著想要解決掉壓力與痛苦的狀態。「我想知道可以怎麼不再焦慮。」、「有沒有什麼建議可以讓我不再想他？」、「我真的覺得很痛苦，但他都不了解，我該怎麼辦？」生活中許多焦慮、悲傷、憤怒、無助等的情緒讓人難以承受。有時候我們好希望知道自己可以多做一點什麼，以解決掉生活的困境，不再承受那困住的心情，以及情緒起伏的片刻。於是乎我們很努力地找不同解決方法，扛起很多的責任。我們要求自己多試試看這樣做，對方多試試看那樣做，看看情況是否有所改變。

　　諮商過程中，有些時候我也會不小心出現趕快解決問題的狀態。特別是感受到情況停滯不前時，我會不斷地想解決辦法，期盼給對方一個奇蹟式的解套。害怕對方掉入無限深淵中的我，其實也少了一個機會跟對方的感受同在。大腦無意識會讓自己想做更多。而這種無意識消除問題的狀態，唯有在自己願意安靜下來，觀察一下自己的行為，感受一下自己的肢體語言，以及身體的不舒服時，才能有機會跟內在的自己接觸，跟對方的需要接觸。

　　「慢一點。」第二次我煮咖椰的時候跟自己說。第二次煮咖椰，我了解自己的急無法加速咖椰的誕生，那就來了解咖椰的需要。原來咖椰喜歡慢一點，火不能太大，需要細心的不斷攪拌，並給它一段時間，咖椰就可以慢慢變濃稠。

　　「慢一點。」我也如是跟諮商中的自己說。好久以前有一位案主問我「我是不是不會好了？」當下的我，有點慌也有點焦慮。我嘴裡回應的是對方有做得不錯的地方，但我無論怎麼說，我深深感受到那樣的回饋與肯定並沒有真的讓對方感受到支持。那一夜的我回家感覺不對勁，甚至有點心情沮喪，急著回應對方的我到底怎麼了，我是不是忽略了什麼更需要被聽見的聲音。

慢慢去釐清自己的狀態與對方的需要後，看見急著回應的我除了害怕面對自己的無能外，也更清楚地看見對方在萬丈深淵中的無力感。確實這一路走來，她很孤單、很無力，我又為何急著給對方一個美好藍圖，卻不坐在她身旁，簡單地說：「這一路走來真的不容易，我們努力了這麼久，但事情又打回原形真的讓人很挫折⋯⋯。」那在深淵中的陪伴，或許才是更有力量的。

生活中我們有時候很難察覺自己的急躁，我們不斷地做、用力地做，我們理所當然地認為自己在做對的事情。就算旁人已經跟我們反應不對勁，我們的疏漏、我們的自我防衛，都會讓自己快速地否認一切，甚至認為對方不了解。我無法提供一個標準答案，回應什麼情況下我們需要懸崖勒馬。但我們所感受到的感受，身體是能夠感覺到的。當心情煩悶，我們是可以感覺到身體的某些部位在發聲，可能是胸口悶悶的、手是僵硬的⋯⋯我們需要讓自己慢一點，安靜下來，溫柔地傾聽自己。我們在做的是否是在回應此時此刻，我們在做的究竟是在滿足誰的需要與想要，有哪些更深層的聲音是被自己忽略掉的。

慢一點，無論是慢一點說、慢一點做、慢一點責備他人、慢一點批評自己等。慢一點讓我們不被杏仁核綁架，誤以為外在的刺激是威脅，而陷入了戰與逃的反應模式，但卻忘了自己的角色與身分、忽略了對方的存有，我們的行為變成反應而非回應。慢一點，無論是透過深呼吸的方式、轉換注意力的方式、留意自己的身體反應等，給予自己一些緩衝時間，讓自己坦然地面對當下。當我們試著不急著評論、不急著做反應時，或許才能更多聽懂自己與對方的訊息，好好地回應外界的刺激。

第一次煮咖椰的經驗讓我看見自己的急，但急不是咖椰的需要，而是我也需要讓自己的急躁走慢一點：我怎麼被工作壓得喘不過氣了？咖椰需要的是慢與適當的溫度，慢慢熬煮，我們可以煮出一鍋口感滑順細緻的咖椰。同樣的，生活中我們無須如此急躁地對待自己，我們可以試著以接待重要他人的方式，溫柔地接待自己，感受任何的感受，與自己有美好深入的交談。有些事情可以慢一點。

151

咖椰醬

———

Kaya

SERVES
5

STOVE

TIME
1 hours

DIFFICULTY
6/10

MATERIAL 材料

1. 全蛋 5 顆
2. 細砂糖 *a* 250g
3. 椰漿 250ml
4. 新鮮香蘭葉 3～4 片
5. 細砂糖 *b* 50g
6. 水 1 湯匙

STEP 步驟

> · 前置作業

1. 將新鮮香蘭葉洗淨，綁起來。

> · 咖椰醬製作

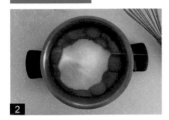
2
將全蛋與細砂糖 a 攪拌。

3
加入椰漿及綁緊的新鮮香蘭葉攪拌均勻。

4
以隔水加熱，中間小火的方式燉煮。

5
燉煮的過程須用攪拌器不斷攪拌，煮約 20～30 分鐘左右會變得較為濃稠。

6
這時可在另外一個鍋子煮焦糖，取細砂糖 b 並加入水煮成焦糖後，加入咖椰中繼續燉煮 5～10 分鐘，或煮至較為濃稠的狀態，即可關火。

7
繼續攪拌讓咖椰的質感變得更細緻，即可享用。

TIPS

2
切記是輕輕攪拌，不要太用力打發全蛋喔！

1
可裝入高溫殺菌後的玻璃瓶，待涼後放入冰箱冷藏可保存較久。咖椰可抹在吐司或油條上，放一片有鹽奶油來起來吃，是非常道地的南洋吃法喔！

用一顆好奇的心了解自己：
蔥花餅乾

一

在台灣買菜時，讓我覺得比較不一樣的經驗是賣菜攤販在結帳時，常常都會送一小把青蔥或幾根辣椒。貼心的舉動帶給我烹調上極大的便利，畢竟有時候需要使用的青蔥不多，買一大把反而容易造成浪費。一開始我很好奇此文化的由來，每次拿到老闆送的免費青蔥都覺得很開心。漸漸熟悉台灣菜市場文化後，理所當然的認為買菜就會送青蔥，老闆忘了給時還會厚臉皮地要一些。生活中我們常不知不覺中地適應了文化帶給我們的影響，我們可能認為每個人都要大學畢業、三十歲就是要結婚等，非必要時我們不會去理解習慣背後的意義價值、自己真正喜歡的和想要的。

每個人都有自己的生活圈文化，有不同的思維、自己的生活方式等，我們的行為模式在一日復一日的生活裡變成自動化的反應，很難有意識地察覺所做、所說、所想、所感知的一切。

即便生活不是很順暢，我們可能自動化地告訴自己「忍一忍就過了」、大腦想「算了」，省去感受自己的感受過程，也沒有想過需要將心裡的不舒服跟他人表達。如：在面對愛挑剔的先生時，我們可能常告訴自己「他就是這樣」，但心裡卻默默累積了許多不被支持與孤單的感受；或是在辦公室裡我們不懂得拒絕他人，忙著處理他人的事情外，自己的工作也堆積如山，每天上班只覺得很耗能很疲憊⋯⋯。

我們願意花許多時間處理外在事物，卻不習慣花時間去處理摸不著看不見的感受。比起耗時間的釐清內在狀態過程，評論比較省時省力，無論是評論對方的狀態，或評論自己的感受：他就是很自我中心、我怎麼那麼負面、隨便生氣是不好的⋯⋯甚至我們會認為事件所引發的感受，是毫無產能的副產品。我們避而不談、視而不見，告訴自己習慣就好。我們只希望自己有效率地解決生活的事，卻沒留意到自己的能量一天一天地耗損中。

面對熟悉且習慣的生活，我們忘了對自己保有一顆好奇心，好奇自己在耗能、生活裡感知了些什麼：當我說可以的時候，我是自在的嗎？當他皺眉頭時，我很快從位子站起來處理事情，我怎麼了？當我們願意對自己好奇，不評論自己的感受，我們也需要一個空間表達我們所感知的。然而表達是人們害怕的一件事，表達彷彿是一個冒險的旅程，畢竟我們無法掌握他人會如何理解我們的想法、我們

的卑劣、自卑、貪婪、嫉妒等黑暗面會在一層又一層的坦露中逐漸被暴露。表達考驗著自己有多少的能耐去面對他人的評論、考驗我們如何面對自己的軟弱，同時挑戰我們是否能有顆開放的心繼續去探究與明瞭。

　　諮商室或許是一個較為安全的地方，讓人可以放心地表達自己。許多時候會發現表面上想要談的主訴背後，隱藏著意想不到的故事和脈絡，而我也常常需要提醒自己保持好奇的心去瞭解案主所經歷的。每一次以為自己已經猜透，每一次都會發現更多我未曾設想的，如：孩子在教室燒東西，進一步了解後得知孩子小時候有某些不好的鬼故事經驗，聽到學校有鬼，孩子害怕得想要藉由燒紙趕鬼，但卻被學校認為是可怕的縱火小孩；關係中不自覺表現冷漠的先生，認為保持距離可以給彼此有空間，實際上先生很害怕自己失控時，會像早年父親一樣動手打太太……。

　　許許多多諮商室裡的故事裡提醒著自己，每個人都值得用一顆好奇的心被好好的明瞭。特別是當感覺生活一天比一天耗能時，我們最不需要的是急著評論自己的生活、自己的感受，而是試著對自己保持好奇的心，並找一個安心自在的人和方法，嘗試表達自己所感知的。是否在我們看似理所當然的行為背後，隱藏了個人的迷思？過於僵化的想法？會不會我們複製了過往面對父親的恐懼來面對伴侶？是否我們汲汲營營經營的一切只是為了回應社會文化的期許，而非個人真正信仰的？若我們可以陪伴自己慢慢明瞭，我們就有更多資料線索去判斷是否要做不一樣的選擇與調整。即便在我們豁然開朗後，仍然做同樣的選擇，那也是自己的決定，是在我們為自己的感受與想法負責後所做的選擇，因而我們也可以體驗到內在不能被奪去的自由。

　　每次從菜市場帶回家的青蔥，家人大多拿來烹調用，無論是煮滷肉、青蔥煎蛋，或是用來點綴菜餚。青蔥加入菜餚大概也是我們的飲食文化的一種習慣，但我也好奇青蔥加入餅乾會變化出什麼風味。於是就製作了蔥花餅乾，沒想到鹹甜鹹甜的，味道很像蔥油餅，蠻好吃的！若我們願意在熟悉的生活注入一點好奇心，那就讓好奇心慢慢引導我們的腳步，同時幫自己找一個可以安全表達的環境與對象，好奇且自在地去探究生活不同的面向，看看是否有自己從未發現的視野，引領自己往更符合自己心意與信仰的方向前進。

蔥花餅乾

—

Green Onion Cookies

 SERVES 5   OVEN   TIME 40 minutes   DIFFICULTY 5/10

MATERIAL 材料

1. 無鹽奶油 90g（室溫軟化）
2. 細砂糖 30g
3. 蛋黃 1 顆
4. 蔥花 10g（取蔥綠）
5. 低筋麵粉 100g
6. 玉米粉 30g
7. 鹽 1/4 茶匙

STEP 步驟

· 前置作業

1. 預熱烤箱。

2. 無鹽奶油提前回溫至軟化備用。

3. 將低筋麵粉及玉米粉過篩。

4. 將蔥洗淨，並將蔥綠切末，為蔥花。

5. 在烤盤鋪上烘焙紙。

· 蔥花餅乾製作

將室溫軟化的無鹽奶油與細砂糖稍打發呈乳白色後，加入蛋黃攪拌均勻。

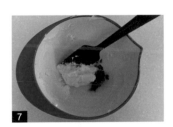

加入蔥花繼續攪拌均勻。

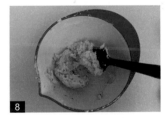

加入過篩後的低筋麵粉、玉米粉，與鹽攪拌均勻，放入擠花袋。

在烘焙紙上擠出麵糊後，放入預熱好的烤箱，以上下火 150 度，烘烤 25 分鐘後即可享用。

TIPS

該配方大概可以做 17 個左右。

鹽之花巧克力餅乾

—

記得剛擔任諮商心理師時，我常懷疑自己是否合適這份工作。相較自己在廚房裡投入、專注、有成就感的樣子，在諮商工作中，我常感受到挫折、無奈、無力甚至是無助感。曾有一段時間，我想或許我比較適合從事烘焙吧！我曾計畫去烤個烘焙執照、擺攤賣麵包、或是夢想自己能開一間烘焙行。每到週末我就泡在廚房裡研究不同的食譜。烘焙過程讓我感受到無比的興奮、驚喜、有掌握感、成就感……。

然而諮商又是另一個故事了。不是每一次的諮商都能體驗成就感，且可能隨時會感受到挫折與無力感。陪伴一段時間的個案突然不來，我就會擔心對方發生了什麼事，也懷疑自己是否少做了些什麼、可以再多做些什麼、或其實當時應該怎麼做或許比較好；看著很想要積極改善關係的個案，在諮商中與伴侶或家人上演無限的指控、批判、咆哮，最後關係逐漸走向冷漠而選擇中斷諮商時，內心也無限的自責：「或許我真的不夠格擔任心理師。」每當我很努力想要協助個案，諮商的結果不如預期時，內心感到無比的挫折、自責與無力。其中最難受的是，看著個案所經歷的一切，「我做不了什麼。」

而早期，我常從「我做了什麼？」來省思自己每一次的諮商是否有帶給個案協助，諮商的結果是「好」或「不好」來判斷諮商的有效性。不是每一次的諮商都能如自己掌控般的發展，因此我不時會落入自我懷疑的階段，懷疑自己的諮商效能，自己是否合適擔任心理師。每當我自我懷疑時，朝烘焙發展的想法與衝動就會越來越大，畢竟相較諮商，烘焙的成功率、掌控率都相較大很多。烘焙讓我看到實際的成品，分享給大家享用的過程，感受到別人的快樂，別人的回饋也讓自己很有成就感，我又何苦讓自己待在諮商工作中，讓自己不斷體驗自己的軟弱、無力與無能呢？

那段時間，我急著想要一個明確的結果：我究竟適合擔任心理師或烘焙師。諮商工作外，我積極從事諮商以外的事務，我接麵包訂單、喜餅訂單、規劃上烘焙課程、擺攤創業等。但事情似乎沒有立即的解答。我週末仍舊埋首在廚房裡，週間仍舊回到工作崗位上，與諮商帶給自己的不舒服感覺相處、對話。

　　一年又一年的過去，我依舊聽見許多我無法解決與處理的事情，我持續經歷「我做不了什麼」的經驗，但那份對曖昧不清的忍耐好像茁壯了，比較能告訴自己不急著找解答，允許生命是一場探索的歷程。烘焙雖帶給自己極大的滿足、掌控、驚喜與成就感，但諮商帶給自己的無能感，似乎也讓自己對憤恨中的饒恕、悲傷中的喜樂、絕望中的盼望、恐懼中的勇氣的體悟變得更清晰透澈。至今，我仍然會感受到諮商中我做不了什麼的無力感，但也更能深刻體會與陪伴個案的「不能」；認清自己的有限，學習在自己的「不能」上欣賞別人的「能」；認識人是那麼的不一樣卻也很相像；認識人是屬於群體的，你我能補足彼此的不足，沒有人能比他人能自豪地說我很無敵。

　　接納生命是一場探索的歷程，而非一連串待處理與解決的問題，允許與接納生命的不同樣貌，是一個非常違反人性的歷程，很需要練習。在唸這段文章的各位，可能也會覺得太虛無縹緲，難以捉摸。若是此刻您所體會到的，那是很真實的感受，你可以將這些感受寫下來、畫下來、或放在家裡的某一處。此刻走入廚房，做你喜歡的甜點來讓自己感受一絲絲的掌控感。或許在不知不覺中，我們已允許自己未來日子裡學習體驗生命有驚喜亦有悲傷、可掌控亦容易失控、有成就亦無能、我能亦我不能的狀態，學習理解「我做不了什麼」也是生命的一部分。

　　鹽之花巧克力餅乾是我在積極發展烘焙事業時，幫朋友製作喜餅禮盒中的其中一款餅乾。謝謝朋友當時對我夢想的支持，也謝謝鹽之花巧克力餅乾，我想你的出現給了我許多踏實的感受，也撫慰了我當時的胃。巧克力餅乾上的鹽之花，讓整款餅乾多了點謎樣的滋味，非常誘人，會讓人忍不住一口接一口地吃喔！

161

鹽之花巧克力餅乾

——

Chocolate Cookies with Fleur de Sel

SERVES	OVEN	TIME	DIFFICULTY
6		2 hours	5/10

MATERIAL 材料

1. 無鹽奶油 *115g*（室溫軟化）

2. 細砂糖 *100g*

3. 海鹽 *1/4* 茶匙

4. 蛋黃 *1* 顆

5. 中筋麵粉 *125g*

6. 可可粉 *30g*

7. 蘇打粉 *1/4* 茶匙

8. 巧克力 *100g*（切碎）

9. 鹽之花適量

STEP 步驟

· 前置作業

1. 預熱烤箱。

2. 無鹽奶油提前回溫至軟化備用。

3. 將中筋麵粉、蘇打粉、可可粉過篩。

4. 將巧克力切碎。

5. 在烤盤鋪上烘焙紙。

163

· 鹽之花巧克力餅乾製作

6 加入室溫軟化的無鹽奶油、
細砂糖、海鹽打發至乳白色。

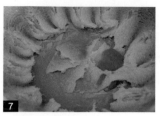

7 加入蛋黃攪拌均勻。

8 放入過篩後的中筋麵粉、可
可粉、蘇打粉，攪拌均勻。

9 將巧克力切碎後，放入麵團
繼續拌勻。

10 將全部材料用手搓揉成團。

11 擀成18cm*20cm的四方形形
狀，用保鮮膜包覆住後，放
入冰箱冷藏1個小時或以上。

12 切成 2cm*2cm 大小的形狀，
灑上適量的鹽之花在餅乾
上，放入預熱好的烤箱，以
上下火 180 度，烘烤 10 ~ 11
分鐘左右。

13 待餅乾涼一點後再移動喔。
準備一杯咖啡，即可享用。

164

好好面對不熟悉帶來的不適感：
馬告檸檬磅蛋糕

—

　　記得第一次聽到馬告時，有點難想像馬告的風味。有一天逛街時，偶然發現馬告的身影，於是便買回家研究一番。馬告的外表與胡椒粒相似，別名山雞椒或山胡椒，聞起來有淡淡的檸檬清香。馬告並非我成長環境中常接觸到的食材，若非台灣師傅將馬告加入麵包，在世界比賽中奪冠，我想我也不會注意到馬告。相同的，生活中遇到不熟悉的事物時，若非與個人需要、想要有關，人的本性常選擇性的忽略，甚少想要主動靠近與瞭解，特別是那些與自己特質、個性和想法很不一樣的人。無奈生活中我們勢必會遇到自己不熟悉的人事物，考驗著我們如何與之共處，就如每年營隊中的孩子所遇到的挑戰一樣。

　　每年兒童夏令營會招收來自四方的孩子。營隊就好像一個小小的社會，不同特質、個性、背景的孩子聚集在一起，藉此學習認識自己，也學習如何與不熟悉的人相處合作。記得有一次，營隊中有一位自閉特質的小傑，會不時發出聲音，常因此吸引他人的目光。而營隊中有一組小孩對小傑的行為表現有許多的困惑與不諒解，常聚集一起私下討論小傑。

　　「他好奇怪喔，又在尖叫了。」

　　「他好吵喔，他在幹嘛啊！」

　　「欸，他要過來了，大家把東西收好，不然可能會被他拿走。」

　　營隊的老師們注意到這群孩子在討論小傑。每當小傑出現在他們活動的範圍時，孩子就會有意無意的表現出拒絕小傑靠近的肢體語言。該小組的老師見狀，就將孩子們聚集在一起，將老師們觀察到的情況反應給孩子們：「老師看到每當小傑靠近時，你們好像蠻激動的。」

　　「對啊，老師，他好奇怪喔！一直在叫。他是不是有病啊，很吵耶！」凱明很激動地說。憲佑接續說：「老師，我們剛還看他拿走別人的飲料耶！」

　　「看來你們倆對他很多行為表現感覺很納悶，不了解他想做什麼，很好奇他怎麼了。其他人也是嗎？」小組老師詢問組內其他成員，綺綺回答：「老師，他是不是有什麼自閉症啊？」

　　「那你們知道什麼是自閉症嗎？」小組老師帶著孩子們認識自閉症的同時，小傑正好走到小組老師旁尖叫了一聲，老師回應：「小傑想要跟我打招呼是嗎？你好！」接著小傑就離開了。

　　三天兩夜的營隊裡，小傑發出了許許多多讓其他孩子不太瞭解的訊息，營隊

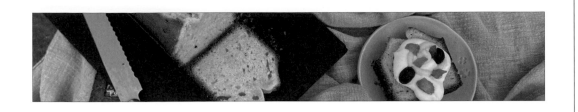

老師們在旁翻譯著小傑的行為，協助小傑發展較合宜的互動方式，同時積極回應小傑的需要。

最後一天的活動裡，小傑在大家沒注意的情況下，又想直接拿走別人的飲料。營隊中其中一位孩子站起來，走到小傑旁，問：「你想喝飲料是嗎？」小傑用力點了一下頭。孩子請小傑拿一個紙杯，接著幫他倒了一杯。原來這幾天孩子們都在一旁觀察著，觀察老師們如何回應小傑，觀察小傑的肢體語言中真正想要表達的是什麼。因著對小傑多一點的瞭解，小朋友們便能從排斥到漸漸嘗試回應小傑，學習與小傑共處互動。

若非必要，人不會主動靠近不熟悉的人事物。當我們感覺他人的行事作風跟自己很不一樣時，我們很容易出現排他感。如：我們認為團體就是要遵守規則，對於一些不按秩序的人感到厭煩，認為他們影響到團體的運作；我們認為做人要有禮貌，不問自取就是不尊重……我們與行事作風不一樣的人相處，會不自覺開始進行分類，區分自我與他人的差別，向對方的行為進行評論。若對方的行為讓我們覺得不舒服時，我們的生存本能會自動發出攻擊。但有些時候，我們或許只是不知道如何與不熟悉的人事物相處，害怕他們影響或威脅到我們。生活中的每個角落都是教育的現場，孩子在人際中的不舒服感受若能被好好聽見與處理，大人同時示範如何溝通表達，也將成為孩子真實體驗與學習的過程。孩子們學習與小傑互動的過程，其實也提供給小傑更安心自在學習的環境。一個讓人放心自在學習的環境能夠改寫許多不同的劇本，而要建構彼此包容的環境乃是一群人努力的結果。當我們好好面對不熟悉帶來的不適感，願意開放自己認識他人、欣賞他人，甚至讓他人展現自己的舞台，我們的心也會寬一點。

馬告是台灣原住民愛用的香料，我曾在原住民部落中喝過馬告拿鐵、馬告雞湯、馬告巧克力等，原住民對馬告真的非常了解，每道料理都能將馬告的風味發揮得淋漓盡致。不能否認的是，我對不熟悉的事情也很容易有排他感，畢竟每一次的接觸都像是迫使自己離開舒適圈去冒險一樣，需要花一些力氣調適與適應。第一次嘗試製作馬告檸檬磅蛋糕時，我的心情也挺忐忑不安的，不確定馬告的使用量是告過多或過少，也不確定將馬告加入檸檬蛋糕是不是一個好的選擇。但就在製作馬告檸檬蛋糕的過程中，對馬告有更多的了解與認識，將馬告與檸檬結合在一起毫無違和感，馬告不會過度搶了檸檬的清香，檸檬也很願意跟馬告一起完美演出清檸香。這款馬告檸檬磅蛋糕建議在食用前，將切塊的蛋糕微加熱，更能溫和地吃出馬告的風味。

馬告檸檬磅蛋糕

——

Litsea Cubeba and Lemon Pound cake

MATERIAL 材料

· 馬告檸檬磅蛋糕

1. 黃檸檬 *a* 1 顆（削皮）
2. 細砂糖 *a* 200g
3. 無鹽奶油 *a* 200g（室溫軟化）
4. 全蛋 3 顆
5. 酸奶油 60g
6. 檸檬汁 *a* 30g
7. 馬告 1 茶匙（搗碎）
8. 泡打粉 1 茶匙
9. 中筋麵粉 230g

· 鮮奶油

10. 動物性鮮奶油 100g
11. 煉乳 20g

· 檸檬醬

12. 全蛋 1 顆
13. 檸檬汁 *b* 80ml
14. 黃檸檬 *b* 1 顆（削皮）
15. 細砂糖 *b* 50g
16. 無鹽奶油 *b* 60g（冷藏切丁）

STEP 步驟

· 前置作業

1. 預熱烤箱。

2. 將馬告搗碎，越碎越好。

3. 將黃檸檬 *a*、*b* 洗淨削皮，為黃檸檬皮屑 *a*、黃檸檬皮屑 *b*。

4. 將中筋麵粉、泡打粉過篩。

5. 在 24x7.7x6.2cm 的烤模鋪上烘焙紙。

6. 無鹽奶油 *a* 提前回溫至軟化備用。

169

2

· 馬告檸檬磅蛋糕製作

7

將黃檸檬皮屑 a 放入細砂糖 a，用手抓勻，混合出檸檬清香。

8

室溫軟化的無鹽奶油 a 與步驟 7 的細砂糖 a 打發至乳白狀後，分次加入全蛋打至乳化。接著再加入酸奶油、檸檬汁 a 與磨碎的馬告，攪拌均勻。

9

加入過篩後的泡打粉與中筋麵粉，攪拌均勻即可。

· 鮮奶油及檸檬醬製作、組合

10

放入預熱好的烤箱，以上下火 180 度，烘烤 45 分鐘或至熟透即可。

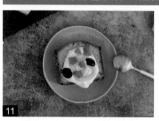

11

食用前，可將蛋糕加溫，若想吃到清檸香，可抹上動物性鮮奶油、檸檬醬，即可享用。

TIPS

⓫ **鮮奶油製作**：將動物性鮮奶油、煉乳打發至能少數流動，有紋路的狀態即可。

檸檬醬製作：將全蛋、檸檬汁 b、黃檸檬皮屑 b、細砂糖 b 以隔水加熱的方式，煮 15～20 分鐘，不斷攪拌至出現紋路即可。關火後，放入切丁的無鹽奶油 b，繼續攪拌均勻即可。成品放涼後會更濃稠。

眼光，帶給人穿越所見進入不朽的能量：
烤木薯糕

一

　　木薯，或樹薯在台灣的菜市場並不常見，對許多人而言或許也較陌生。小時候，媽媽會將木薯蒸熟後沾糖吃、煮甜湯、裹麵漿炸、或製作成木薯糕。而木薯糕是家裡經營的烘焙店的販賣商品之一。記得小時候木薯糕剛出爐時，父親會拿著一把抹著奶油的長刀，將木薯糕切成塊，有點難延宕滿足的我，常趁木薯糕還溫熱的時候就直接享用它，酥脆的表皮，細嫩的內部，滿口奶香氣的木薯糕，真的讓人難以抗拒。

　　要在台灣購買新鮮木薯，不是一件容易的事。記得第一次在印尼商店看到木薯時，我興奮不已，彷彿尋獲至寶。當時一位印尼籍幫傭跟我說其實在台灣很多地方都有看到木薯樹，只是許多人似乎不知道如何使用它。生長在地底下的木薯，除了可以製作成不同的糕點外，木薯樹上的葉子其實也可以炒來吃，木薯的營養價值非常高。那是我第一次更瞭解木薯，看似不起眼的木薯，其實價值連城。

　　在廚房看著好不容易買到的木薯，心中多了一份珍惜感。木薯糕製作的方式極簡單，只要將刨成屑的木薯與細砂糖、椰漿、融化奶油、雞蛋等混合在一起，就可以直接放入烤箱烘烤。聞著木薯糕在烤箱中漸漸散發的香氣，心中不禁讚嘆，究竟當年的祖先們是如何得知埋藏在地底下的木薯，可以變成簡單美味的甜點。這一位挖掘埋藏在地底下的木薯，試著將它跟其他食材混合在一起，將它變化出不同風味的糕點的先人，還真的有眼光。

　　這讓我想起「大理石中的獅子」的故事。故事的大意是：從前有一個雕刻家，當他用鐵鎚和鑿子刻鑿一塊大理石時，一位小男孩在旁一直盯著看。小男孩看著大大小小的石塊落下，卻不曉得雕刻家在做什麼。過了一段時間，小男孩再回來看擺放大理石的地方，小男孩看到一頭雄壯的獅子坐在哪兒。小男孩莫名的興奮，跑去問雕刻家：「先生，請問你怎麼知道大理石裡面有一隻獅子呢？」

　　眼光，可以穿越外在與表現，看見一個人內在價值的能力。我們用什麼樣的眼光看他人，也影響著他人如何看待自己，特別是在還在發展自我階段的過程，別人的回饋很容易形塑我們看待自我的眼光。

　　「媽媽說我考試成績很爛，小提琴也拉不好，我真的覺得我好爛。」

「小時候我爸叫我幫忙做家事，但爸爸常說我笨手笨腳的，記得有一次，我不小心把爸爸裝湯的碗打翻了，爸爸那時候很氣的瞪我，甩了我一巴掌，從小我就覺得自己很糟糕，什麼事都做不好。」

「哥哥跟我都是田徑隊的，在媽媽眼裡，哥哥才是最好的。就算我比賽得第二或第三名，媽媽什麼都沒說。但哥哥得第一，媽媽就會到處炫耀。在媽媽眼裡，我想我不算什麼。」

不被認同或否定的經驗，對任何人類而言都不容易消化。人都渴望瞭解自我價值，知道自己是誰。生命初期，我們從主要照顧者、家人、求學期間的師長、同儕等回饋中，認識自己是誰、有什麼優勢弱勢。這種來自外界的眼光，不需要太多的複雜程序，就會自動化地演變成我們看待自己的眼光。舉例而言，比較動態的孩子有時無法好好安靜坐在位子上、容易被外在的刺激吸引，說時遲那時快的衝動反應常讓旁人心驚膽顫。動態孩子在班上、在捷運上、在公共場合等，都很容易被看作問題製造者。可是，如果我們從優勢的觀點來看動態孩子的特質，易分心；或許也象徵著耳聽八方，眼觀四方的能力、好動代表著活動力強、衝動也可以比喻為有冒險患難的精神。我們不否定孩子分心與衝動反應所遇到的困擾，但若能從學習的眼光看待他們遇到的困難，並賦予孩子優勢的眼光看待自己與他人的不同，讓他們從更整合性的角度看待自己，或許也是我們可以重新思考的選擇。

同樣生長在地底下的木薯，每個長相都很不一樣，有偏胖的、有長的、有直直的，也有歪七扭八的……木薯無法像芋頭有漂亮的紫色、無法像馬鈴薯廣為人知，但木薯的獨特口感也非其他根莖類食物所擁有的。木薯沒有絢麗的外表，埋藏在地底下的木薯可能連被看見的機會都沒有。但感謝當年發掘它的先輩，能夠看見它的美，讓它超越外界給予既定的印象，讓它與其他食材結合下，變成我兒時無法抗拒的木薯糕。

眼光是帶著信心，在看不見的時候仍然相信：每個人都有自己獨特的一面，獨有的存在價值。生活中究竟我們用了什麼樣的眼光看待他人，看待自己？我們是否也能帶著信心的眼光，帶給人穿越所見，進入不朽的能量呢？

烤木薯糕

—

Baked Tapioca Cake

SERVES
8

OVEN

TIME
1.5 hours

DIFFICULTY
5/10

MATERIAL 材料

1. 新鮮香蘭葉 *3 ~ 4* 片
2. 椰漿 *120ml*
3. 融化奶油 *50g*
4. 全蛋 *1* 顆
5. 細砂糖 *150g*
6. 樹薯泥 *500g*
7. 樹薯粉 *1.5* 大匙
8. 鹽 *1/2* 茶匙

STEP 步驟

· 前置作業

1. 預熱烤箱。

2. 在 *18*18*6cm* 的烤模鋪上烘焙紙。

3. 將無鹽奶油隔水加熱至融化。

· 木薯糕製作

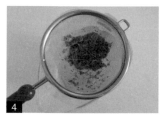
4
新鮮香蘭葉加入椰漿打成汁後，過濾掉香蘭葉子的渣渣，為香蘭汁。

5
將樹薯去皮後刨碎，為樹薯泥，也可買現成的樹薯泥。

6
將香蘭汁、融化奶油、全蛋、細砂糖混合在一起，攪拌均勻。

7
加入樹薯泥、樹薯粉與鹽攪拌均勻後，倒入烤模。

8
放入預熱好的烤箱，以上下火 190 度，烤 50 分鐘 ~ 1 個小時。

9
放涼後切塊，即可享用。

挫折讓自己死去不切實際的形象：
鹹蛋黃咖哩葉餅乾

——

　　記得在國高中時期，家裡另一位擔任心理師的姊姊送了我心理相關的書籍。當時發現原來人的行為背後有許多原因可以探究，引發了我對心理學的興趣。心理師姊姊偶爾會跟我分享工作上的心得，每次聽姊姊的分享就覺得很有趣。心想身邊的人也可以像姊姊一樣，好好去瞭解他人，對這社會有多重要啊！慢慢的，想要擔任心理師的想法開始在心裡萌芽。隔了好幾年，經過不同的轉折，沒想到自己有一天也擔任起心理師的角色。實際進入諮商室後，所感受的情緒起伏與強度比想像中強烈，人的狀態也變幻莫測。有時候即使很努力想做點什麼，但諮商的結果不一定如預期般順利或理想，甚至還可能會聽到案主說：諮商好像沒有什麼幫助、花費了很多時間和金錢但都沒有處理到問題的核心等，或是諮商一段時間的案主突然不來了，心中就會有許多未解決的疑惑。

　　諮商不順遂時，要讓自己維持在諮商歷程中的客觀性，真的好需要磨練。一方面需要提醒自己從專業的角度去傾聽負向回饋背後，是否有隱藏著更多案主需要被聽見的訊息；一方面也要反思自己是否真的忽略了什麼，是否有更合適的方式貼近與回應案主的需要。雖然知道自己不是魔法師或有權可以改變事情局面的大神，然而內在的自己其實跟一般人一樣，都有軟弱與脆弱的一面。聽到負向回饋或遇到任何形式的挫折時，心裡難免會沮喪與難受。一般人會出現的懊悔，自我懷疑的聲音都會出現在大腦中，如：我是不是應該、我當時怎麼沒有想到、我可能不適合擔任心理師⋯⋯。

　　有時候沮喪與挫折的聲音會停留好幾天，就好像某個部分的自己沒了活力，非常需要一些時間消化與安撫自己的心情，釐清自己的狀態。沮喪的時候，某些音樂非常能觸動我心，也會讓我想拿起筆在紙上隨意創作和書寫。每次將內在的狀態具體化後，就能將自己跟悲傷的情緒拉開了一些距離，讓自己膽敢看著內心的混亂，瞭解自己內心的渴望。常常在那個當下，我就更能理解諮商室裡，也曾有過同樣感受的案主所經歷的內在歷程，更深刻體會人在面對評價時的掙扎，更能感受人在面對自己的限制時，必然會有的沮喪、挫折、無助與無力感。挫折可能會帶來自卑與羞慚，可是當我察覺到自己跟案主有著同樣的感受，就會想到世界某個角落可能也有人跟我一樣，當下彷彿就感覺不孤單、不害怕。若挫折是每個人都會經歷的，挫折不應該是一個問題，反而是生活的一部分，是生活必經的過程。

　　這並不意味著我們要忽略挫折帶來的情緒張力，但我們卻要更仔細地聽，聽挫折裡隱藏著對自己的慈悲提醒。

　　「放棄完美主義的幼稚願望吧！」我彷彿隱隱約約地聽它如是說。我是否可以卸下逞強的面具，允許自己承認我會在意，但我需要學習安撫自己的心情；我是否可以允許自己無法幫助到每個人，認清自己的限制；我是否可以承認自己不是隨時都可以貼近或掌握案主的情況，但我仍要和自己承諾：我會持續學習。挫折提醒著自己對成功形象有不切實際的期望，避免將自己設定成凡事都能解決的萬能心理師，掉入不切實際的幻想。

　　認清自己限制，不代表沒有強度，但正因為調整了合適的範圍，反而更能在某些事情上彰顯某些力道。與其說挫折吞噬掉自己的活力，挫折更像讓我死去某個不切實際的形象，但也讓自己活出更合宜更有力量的生命。挫折的情緒張力不容小覷，但是每一次挫折的經驗彷彿就像生命打破重練的過程，在那一點一滴的碎片裡，找到隱含的提醒，慢慢將知道的道理內化到生命裡。

　　家裡種了一棵咖哩樹，我常會拿來煮咖哩，或是加入任何東南亞料理中，增加香氣。咖哩樹在我房間陽台活了好幾年，越長越高。有一天，我想給咖哩樹有更大的成長空間，於是就將它搬移到另一個較空曠的陽台。但沒想到，咖哩樹在新的地方反而開始枯萎。看著陪伴我多年的咖哩樹快要死去，心裡不禁難過，但我仍持續澆水。過了一段時間，我突然在樹幹上看到發芽的咖哩葉：它長出新的生命了！舊有枝子上的葉子都枯死了，但枝幹上不同地方開始長出新的嫩葉。咖哩樹上長出的新葉子，彷彿也在提醒自己：透過向某個部分的自我死去，能帶來新的看見。咖哩樹重新復活的意象，也在心中種下滿滿的力量。謝謝依舊活著的咖哩樹，讓我可以繼續烹煮不同的咖哩料理，也讓我有機會繼續使用它，製作充滿南洋風味的蛋黃咖哩葉餅乾。一邊品嚐餅乾，一邊讓自己從心找到力量。

鹹蛋黃咖哩葉餅乾

Salted Egg Yolks Curry Leaves Cookies

SERVES
5

OVEN

TIME
40 minutes

DIFFICULTY
5/10

MATERIAL 材料

1. 無鹽奶油 *110g*
   （室溫軟化）

2. 細砂糖 *50g*

3. 新鮮咖哩葉 *20* 片
   （或 *2g* 乾的切碎咖哩葉）

4. 鹹蛋黃 *3* 顆

5. 中筋麵粉 *110g*

6. 奶粉 *15g*

7. 玉米粉 *10g*

8. 辣椒粉 *1 ~ 2g*

9. 泡打粉 *1/8* 茶匙

10. 鹽 *1/8* 茶匙

11. 麥片 *50g*

STEP 步驟

· 前置作業

1. 預熱烤箱。

2. 無鹽奶油提前回溫至軟化備用。

3. 將新鮮咖哩葉洗淨，切碎。

4. 在烤盤鋪上烘焙紙。

5. 將中筋麵粉、奶粉、玉米粉、辣椒粉、泡打粉與鹽混合均勻，過篩。

· 鹹蛋黃咖哩葉餅乾製作

將室溫軟化的無鹽奶油與細砂糖打發後，加入切碎的新鮮咖哩葉、鹹蛋黃一起攪拌均勻。

將過篩後的中筋麵粉、奶粉、玉米粉、辣椒粉、泡打粉、鹽，加入步驟 6 混合均勻，再加入麥片。

搓成約 10 元大小的圓形，放入預熱好的烤箱，以上下火 170 度，烘烤 12 ~ 15 分鐘後即可享用。

TIPS

此步驟中使用雀巢牌麥片，也可使用一般麥片，味道口感稍不一樣。

感謝他人的陪伴，讓限制得以與創造攜手合作：
聖誕水果蛋糕

—

　　我喜歡聖誕節。每到年尾就會開始期待聖誕節的到來。聖誕節的象徵物很多，如聖誕樹、耶穌基督的誕生、雪人、聖誕老人等。小時候我曾期盼這世界上有聖誕老人，並試著在房間的門把上掛上襪子，期待隔天早上起來在襪子裡發現些什麼。我甚至會在襪子裡放點巧克力或糖果，讓自己悠遊在想像中，感受聖誕老人出現的樣子。奇妙的是，想像力似乎沒有讓我變得虛幻，反而在感受想像的過程中，慢慢發現聖誕老人並不是真的，多了一點發現事實的長大感。

　　除了發現聖誕老人的真相，想像力引領我們探索的童年裡，讓我們更多感受這個世界，也更真實地認識這個世界。我們並非如自己在想像遊戲中的有超能力，可以有隔空冰凍他人的神奇能力；我們也沒有電影或電動遊戲裡的復活大能。我們知道什麼是妄想，什麼是願望，生活很多事情並非許願就可以解決，我們需要親自去體驗與面對。我們發現生活越來越多真實的面向，我們也發現自己越來越渺小。許多事情不如我們預期，我們會錯估自己的能力、誤判情勢，我們會犯錯。這個世界沒有七個小矮人，也沒有白馬王子會在我們中毒昏厥時，一吻就醒過來，現實生活告訴我們，昏厥時需要看醫生。

　　生活隨時會拋給我們措手不及的難題，我們體驗到真實的世界有許多限制，體會到各種不幸與障礙，經歷各種懊悔、挫折、羞愧、哀傷等的情緒經驗。而人要進入自己的遭遇中，去體會自我的認同如何被擊碎，去感受環境與我們的關係所產生的變化，是極為焦慮的，生存本能似乎遭受到極大的威脅。為了避免自己陷入生存危機，我們提醒自己要活得正確精明點，同時也變得更害怕犯錯。我們害怕去接觸內在的慾望、熱情、直覺所釋放的想像力，會讓我們陷入各種危機中：萬一做錯選擇怎麼辦？如果我不這麼做，會不會……事實是即便我們竭盡所能地慎思評估與規劃，我們無法避免假象的未來會崩解，奔潰的強度有時會超過我們所能預測的。

　　感謝每位來訪的案主，在諮商室裡聽著不同案主的經歷，也慢慢打開自己對這世界的看見。在傾聽與陪伴案主的歷程，就會更深刻地體會人一生要面對與經歷的其實很相像，現實的世界裡我們必會經歷生涯探索的迷惘、關係的失去、經歷生老病死的分離恐懼，我們會做出悔恨的決定、被他人傷害或傷害他人、無法接納某個部分的自己等。案主一層又一層地坦露深層的感受與恐懼時，也讓我更認識人性。你我沒有不一樣，人除了需要被溫飽之外，我們的存在也渴望被肯定

與尊重。當現實的體驗讓我們的自我存在感深受威脅，大聲吶喊「看見我」卻不被看見與聽見時，不要訝異我們會沮喪、害怕、無力甚至憤怒。人不會輕易讓他人摧毀我們尋獲自我存在的權利。

然而，值得思考的是，我們在意自己的存在時，是否也看見他人也有生而為人的權利，而我們用了什麼樣的姿態回應限制，回應困境。

大部分的時候人其實知道道理為何，且知道該怎麼做。只是與現實搏鬥過程中，我們會被眼前的事實佔據視野，彷彿看不到出口。生活其實很像瞎子摸象，每個人都看到部分的事實，但我們也可以邀請對的人陪伴自己去摸象，讓我們從更高更廣的角度看見事實不同的樣貌，更接近現實想要告訴我們的真相，讓自己有跨越與搏鬥的勇氣。搏鬥不代表我們擺脫限制，而是有勇氣體驗遭遇的強度，在注入現實感的生活中用新的形式去回應自己、回應外界。我們可以讓生存受威脅的恐懼變成摧毀性的能量，也可以將恐懼的能量轉換成有生產力的能量。因此，如果可以，讓我們試著去陪伴身旁的人，特別是深陷困境中的朋友與家人。

雖然長大之後得知聖誕老人並不存在，但每年年尾我仍期待聖誕節，家裡會出現各種聖誕的擺設，而我也會提前一個月製作聖誕水果蛋糕，準備聖誕節的到來。聖誕水果蛋糕裡充滿著果乾與堅果，製作好後的每個禮拜從冰箱裡拿出來刷蘭姆酒，讓蛋糕體慢慢吸滿蘭姆酒香。聖誕節前夕將吸滿酒香氣的蛋糕隨個人喜好裝飾，於聖誕節當天與一路陪伴自己的親朋好友分享，對我而言是一個表達感謝與愛的方式。享用時也可以彼此回顧，感謝彼此在生命中的陪伴，讓自己可以跨越某些艱難的時刻。

聖誕老人雖然不存在，可是聖誕老人的形象也讓我感受到關愛與給予的美。就讓想像力帶領我們的生活，更多拓展我們對此時此刻生活的感受，讓他人有機會陪伴我們，體驗限制如何與創造力並行，開創一條生命的出路。

聖誕水果蛋糕

—

Christmas Fruit Cake

SERVCS
6

OVEN

TIME
1 month

DIFFICULTY
6/10

MATERIAL 材料

1. 無鹽奶油 *225g*（室溫軟化）

2. 細砂糖 *100g*

3. 紅糖 *110g*

4. 全蛋 *3* 顆

5. 蘭姆酒或任何喜歡的烈酒 *35g*
   （不含每週刷的份量）

6. 橘子 *1* 顆（削皮、榨汁）

7. 黃檸檬 *1* 顆（削皮）

8. 果乾類 *1* 公斤

9. 堅果類 *100g*

10. 中筋麵粉 *250g*

11. 杏仁粉 *65g*

12. 泡打粉 *4g*

13. 鹽 *2g*

STEP 步驟

· 前置作業

1. 預熱烤箱。

2. 無鹽奶油提前回溫至軟化備用。

3. 將橘子削皮及榨汁，為橘子皮屑及
橘子汁。

4. 將黃檸檬削皮，為黃檸檬皮屑。

5. 將中筋麵粉、杏仁粉、泡打粉過篩。

6. 在 *8* 寸的烤模中放入烘焙紙。

TIPS

 6

烘焙紙要高過烤模約 5 公分左右。

187

將室溫軟化的無鹽奶油、細砂糖和紅糖打發至乳白狀。

全蛋分次加入打至乳化狀。

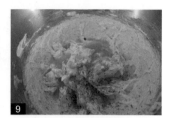

將蘭姆酒、橘子皮屑、橘子汁、黃檸檬皮屑加入，攪拌均勻。

1公斤的果乾類與堅果類混合在一起後，取中筋麵粉的3～4湯匙，加入攪拌，以避免堅果與果乾在蛋糕體中沉澱。加入步驟9攪拌均勻即可。

最後加入過篩後的中筋麵粉、杏仁粉、泡打粉與鹽，攪拌均勻。

將攪拌好的麵糊倒入烘焙紙，放入預熱好的烤箱，以上下火160度，先烘烤1個小時，再轉至上下火150度，烘烤1個小時。

冷卻後，用保鮮膜將蛋糕包起來，再用鋁箔紙包一層。

放入保鮮袋裡，再放入冰箱冷藏。

每週從冰箱拿出來刷蘭姆酒或任何喜歡的酒精。此蛋糕於聖誕節前1個月製作，每週至少刷約1茶匙，共刷4個星期。

TIPS

10

果乾類可選擇葡萄乾、蔓越莓、無花果乾、糖漬黃檸檬，或任何喜歡的果乾類；堅果類可選擇核桃、腰果、胡桃、夏威夷豆，或任何喜歡的堅果類。

可依個人喜好裝飾，可以簡單綁一個紅色緞帶，也可以用翻糖裝飾，即可享用。

心理師的療癒烘焙私旅

—— 與點心相遇的日子，讓「心」被療癒 ——

書　　名　心理師的療癒烘焙私旅：與點心相遇的
　　　　　日子，讓「心」被療癒
作　　者　莫茲晶
主　　編　譽緻國際美學企業社・莊旻嬪
助理編輯　譽緻國際美學企業社・黃于晴
內頁排版　譽緻國際美學企業社・許敏瑜
視覺設計　洪瑞伯

發 行 人　程顯灝
總 編 輯　盧美娜
發 行 部　侯莉莉
財 務 部　許麗娟
印　　務　許丁財
法律顧問　樸泰國際法律事務所許家華律師

藝文空間　三友藝文複合空間
地　　址　106 台北市安和路 2 段 213 號 9 樓
電　　話　（02）2377-1163

出 版 者　四塊玉文創有限公司
總 代 理　三友圖書有限公司
地　　址　106 台北市安和路 2 段 213 號 4 樓
電　　話　（02）2377-4155
傳　　真　（02）2377-4355
E-mail　service @sanyau.com.tw
郵政劃撥　05844889 三友圖書有限公司

總 經 銷　大和書報圖書股份有限公司
地　　址　新北市新莊區五工五路 2 號
電　　話　（02）8990-2588
傳　　真　（02）2299-7900

初　版　2021 年 11 月
定　價　新臺幣 460 元
ISBN　978-986-5510-95-4（平裝）

國家圖書館出版品預行編目（CIP）資料

心理師的療癒烘焙私旅：與點心相遇的日子,讓「
心」被療癒/莫茲晶作. -- 初版. -- 臺北市：四塊玉
文創有限公司, 2021.11
　　面；　公分
　　ISBN 978-986-5510-95-4(平裝)

1.點心食譜

427.16　　　　　　　　　　　　　110017324

http://www.ju-zi.com.tw
三友圖書
友直 友諒 友多聞

三友官網

三友 Line@